新潮文庫

ゴリラの森、言葉の海

山極寿一
小川洋子 著

新潮社版

11519

はじめに

小川洋子

子どもの頃、テレビで『野生の王国』を観るのが楽しみだった。特に忘れがたいのは、セスナ機に載せたカメラで撮影された、インパラの群れだ。今なら動物たちに気づかれないようドローンを使うのかもしれないが、当時は上空から彼らを見ようとすれば、爆音に驚いて逃げる姿しか撮影できなかったのだろう。どこまでも続く草原をインパラたちは走ってゆく。セスナ機の影が、不吉な刻印のように群れの中に差している。どんなにそれから逃れようとしても、影は執念深く追い掛けてくる。不意に頭上に現れた、あまりにも奇妙な〝生きもの〟に、彼らはどれほど怯えていることか。行き先に安全な場所はあるのか。お母さんとはぐれて迷子になった子はどうしたらいいのか……。

しかし私の心配をよそに、インパラの走る姿は美しかった。か細い脚からは想像もできないエネルギーで地面を蹴り、重力などお構いなしに、ほとんど宙を飛んでいるのと同じだ。一切、どこにも、無駄がない。誰が号令を出しているのかも分からないのに、群れは見事に統制され、一頭残らず皆が同じ一点を見つめている。

あれが私にとって、自分の知らない場所にも世界がある、という真理に触れる最初の経験になった。行ったこともない、手も届かない遠い場所にも、何ものかが懸命に生きている。この当たり前の現実が、新鮮であり驚きだった。同時に、自分が生かされている世界に対し、畏敬の念を抱いた瞬間でもあった。

小説を書いている最中、時折、当時の感覚がよみがえってくる。言葉の海でもがきながら、今向かおうとしているのは、決して言葉の届かない、奥深い海底なのだろうと思う。そこは、インパラたちが走っていたあの草原とつながっている。言葉など意味をなさず、言葉では名付けえない秩序によって守られた世界。その懐かしい場所へ戻ろうとして、自分は小説を書いているのかもしれない。

山極さんに初めてお会いした時、本能的に、この方は小説が表現すべき、言葉から遠く離れた場所への道筋をご存じなのではないかと感じた。言葉にならないものを言葉に翻訳できる方だ、と。

それは単にゴリラの気持ちを代弁できるということではなく、脳のコントロールに支配されない、人間の肉体に刻まれた記憶を読み解ける、という意味だ。

本書の多くはゴリラについて語られているが、その生態を知るためだけの本ではない。ゴリラはあまりにも賢いので、私たちに多くの気づきを与えてくれる。進化の過程を遡（さかのぼ）って人間の謎（なぞ）を探っていたつもりが、むしろ人間の進むべき未来に光が当たっていると気づかされる。ゴリラが鏡になり、そこに映し出された自らの姿に新たな発見をする。などど、予想もつかない展開が待っている。ゴリラについて考えていたはずが、いつの間にか心の奥底に下りてゆこうとしている自分を発見する。

ずっと私は山極さんの声に耳を澄ましていた。言葉の響きに残る、言葉のない世界の気配を感じ取ろうとしていた。そこにはゴリラのドラミングやインパラの足音が、人間を圧倒する意味深さでこだましていた。

霊長類学者と作家が同じ地点を見つめて対話できたのは、すべて山極さんのおかげである。

もっと簡潔に言ってしまえば、本書を作っている間、私も編集者たちも、ボスのシルバーバックで滑り台を楽しんでいたのだ。実に安心で、心躍る滑り台だった。背中は広々として果てしなかった。忍耐強いボスは、私たちがどんなにピント外れな疑問をぶつけようと、理解するのに手間取ってもたもたしようと、苛立った様子など微塵も見せず、今私たちはかけがえのない同じ時間を共有しているのです、という大らかさで接して下さった。心からの感謝を捧げたい。

目次

III　ゴリラとヒトの間で遊ぶ　131

IV　屋久島の原生林へ　209

【一日目】

【三日目】

ゴリラの森、言葉の海

I　ゴリラとヒトが分かち合う物語

紀伊國屋サザンシアターにて（2014.2.10.）

河合隼雄先生が導いた「偶然」

小川　京都で行われた第一回河合隼雄物語賞・学芸賞の選考会で、山極寿一さんと初めてお目にかかったときの第一印象は大変強いものでした。ホテルの部屋に関係者が二十人ぐらいいらしたんですけれども、なぜか山極さんに目が留まりました。もし今、ここで大きな地震のような一大事が起こったら、この方についていけば安全だという本能的な直感が働いたんです。私の遺伝子の中に眠っている、アフリカの熱帯雨林で暮らしていたころの記憶が呼び覚まされるような、不思議な体験でした。

そのように感じたのは私一人ではなかったようで、その場にいた女性の多くが先生の周りに集まってきました。さながら、ボスゴリラの周りにメスや子どもが集まって、一つの群れができあがるというような状況でした。そのとき伺った、アフリカやゴリラの話が大変楽しくて、続きをぜひお願いしたいという希望が本日の公開対談につながったわけです。

河合隼雄先生＊との出会いは、私の小説『博士の愛した数式』が映画になりましたとき、二〇〇五年に「週刊新潮」で対談をお願いしたのが初めてでした。このとき河合先生は、どんな文芸評論家や書評家とも異なる、独自の切り口でこの小説を読み解いてくださいました。

主人公の数学者と心を通わせることになる少年の名前を、私は「ルート」と名付けました。数学用語の中から音だけで選んだので、別にサインでもコサインでもシグマでもなんでもよかったんですが、河合先生はこの名前には、根っ子（root）と道（route）という、二つの重要な意味がある、とおっしゃいました。博士とルートは同じ孤独を共有する、同じ根っ子を持つもの同士である。

＊河合隼雄（一九二八―二〇〇七）
分析心理学、臨床心理学を専門とし、京都大学教授、国際日本文化研究センター教授、文化庁長官を歴任。箱庭療法を導入して画期的な臨床心理療法を開発。日本臨床心理士資格認定協会を設立して、臨床心理士制度を整備。京都に文化庁の分室を作り、「文化力」を提唱。卓越したユーモアで知られ、日本ウソツキクラブ会長を務めて常識を破ることを提案、「うそは常備薬、真実は劇薬」と語った。
（山極註）

だから彼らの間に友情が育つのは当然である。そしてそのルート少年の登場によって、それまで社会から隔絶された生活を送っていた博士と外の世界を結ぶ道が開ける。数学では「ルートを開く」と言いますけれど、まさにルート君の登場によって道が開かれた。さらには二人がキャッチボールをする最後のシーンでは、そのボール、球体は永遠を表す。それは二人の関係を象徴しているし、また博士が最も愛したオイラーの公式 $e^{\pi i}+1=0$、このゼロと、彼らがキャッチボールをするボール、この球体がつながりあっている、とおっしゃったんです。

私はびっくり仰天いたしました。自分の小説の中でそんなことが起こっているとは、という喜びと驚きを感じたわけです。これは本当に偶然に起こったことですね。河合先生は、この「偶然」ということをよくおっしゃっておられました。治療を必要とする方が治っていかれる過程で、なにか偶然うまいことが起こる。それは本当は自分の周りでいっぱい起こっているんだけれど、心が弱っているときには感じとれない。それを伺ったときに、物語というのはこの、偶然が織りなす世界を書き留めるものなのかと、腑に落ちるような気がしたんです。理屈では到底説明がつかない、人間の発想を出発点としない、矛盾や断絶をすべて飲みこむような大きな力を物語として書き表す。それこそ自分がやりたいことなんだ、と、河合先生に気づかされました。

今日、山極さんとこうした場が持てるのも、また大変にうまいことが起こったといえると思います。河合先生との対談は、『生きるとは、自分の物語をつくること』という本になりましたが、なにも人間だけが物語をつくっているわけじゃない。ゴリラもまた、彼らの物語をつくりながら生きているというようなことを、今日、山極さんとお話しできればと思っております。よろしくお願いいたします。

山極　小川洋子さんと初めて顔を合せたとき、僕は河合賞「学芸賞」の委員で、「物語賞」の選考結果を述べられたのですが、小川さんは「物語賞」の選考結果を述べられたのですが、それを聴いて、本当にこの人は作者の心の中に入り込むことができるんだなと思いました。作者の意図し描いている世界の中で、これほど遊ぶことができる人は、そういないなと思ったんです。お話をしているととても楽しくて、人間としてではなくて、ゴリラとして話しているような気がしました（笑）。今、僕の前にお話しになりましたが、なにか言葉ではなくて、幾何学的な模様を描いているような感じがしますよね。

河合隼雄さん――京大の流儀*で、「先生」でなく「さん」と呼ばせていただきます――のお兄さんの河合雅雄さんが僕の先生です。日本ではサルを研究する学問を「サル学」といいますが、名付け親はその創始者の一人の河合雅雄さんです。

隼雄さんはもともと京都大学の理学部の数学の出です。

京大の流儀　京都大学は自学自習、対話を根幹とした自由な学風によって創造の精神を育むことを伝統とする。そのため、理学部や文学部では昔から学生に「先生」ではなく、「さん」付けで呼ばせる風習がある。学問の世界では上下はなく、対等の立場で論ずる必要があり、学生は教員の言葉に従うのではなく、それを乗り越えて新しい論を張る必要があるからである。そのため、他大学から来た学生がうっかり「先生」と呼びかけたりすると、「私は君の先生ではない」と叱られることもある。（山極註）

僕は生物学の出ですが、数学の方は考え方が全然違います。僕にはとてもかなわない知識と能力を持って、いろんな世界に挑むことができます。そして、数学系の方は、途中で人文系に変更することが多いんですね。隼雄さんもおそらくいろんな世界を遊びながら心理学を楽しんでおられたんだと思います。

隼雄さんとは、二〇〇三年か二〇〇四年、京都文化会議が開かれたときに、お話をさせていただきました。そのときは、いろんな分野の人たちがお酒を飲みながら、「心っていったいなんや？」っていう話をしたんです。そのときひらめいたのは、心というのは人間の身体の中に宿っているんじゃなくて、外にあるんじゃないかということです。人間の心というのは、自分だけではできない、なにかに出会ったときにできる。しかも外にあるからこそ、ほかの人間と共有できる。それがゴリラとは違うところであって、だから人間というのは、こういう対話などということをしているんだという、そのことを、今日小川さんと一緒にお話しできればいいなと思います。

一方僕は、ゴリラは人間の鏡だとずっと思ってきました。鏡というのは二つ理由があります。人間の模範であるということ、それから人間の本当の姿を映し出すものであるということ。そういう観点から、今日お話しできればと思います。よろしくお願いします。

二十六年ぶりに蘇った記憶

山極　今日は最初に、小川さんに見せたいビデオがあるんです。僕は三十年以上野生のゴリラの研究をしてきました。最初はヒガシローランドゴリラという種類のゴリラたちと付き合ったのですが、あまり近づくことができず、次の二年間にマウンテンゴリラたちと仲良く一緒にすごすことができました。朝暗いうちに起きて、一日中一人でゴリラたちと遊んで、一緒に雨宿りをしたりもして。そのあと、内戦とかいろんなトラブルが現地で起こって、二十六年間会えなかったんですね。それがあるとき、ＮＨＫの取材班に誘われて、二十六年ぶりに昔の友達だったゴリラに会いに行ったんです。そのときのビデオです。

小川　あ、これがオスゴリラのタイタスですね、山極さんの本にも出てくる。

山極　はい。僕が最初に会ったときの六歳のタイタスと、再会時のタイタスが両方映っています。二年一緒にいて別れて、そのあと二十六年たっていますので、このときは三十四歳。

小川　ゴリラとしては、老齢ですか。

山極　もうおじいさんです。この次の年に亡くなりました。このとき、僕は観光客として行ったので、二回会う機会がありましたがそれぞれ一時間しか会えなかった。

二十六年ぶりに山極氏と再会したタイタス（二〇〇八年撮影）
※右上は子どもの頃のタイタス（一九八〇年撮影）

その一時間の間に、向こうに思い出してもらわなきゃいけなかったんです。一日目は思い出してくれませんでした。で、二日たって会いにいったときのシーンをお目にかけたいんです。タイタスが、僕に向かって真っすぐ歩いてきます。このときはまだ分からない。そのあと僕と正面から向き合いました。これは、「おや？　ひょっとしたらお前は？」っていう顔なんです。距離は五メートルぐらい。で、僕が挨拶の言葉を発しましたら、応えたんです、タイタスが。そしてまた僕をじっと見つめ始めたんです。そうしたら、タイタスの顔が、これからどんどん変わり始めるんですよ。

小川　ああ、ほんとだ。

山極　もうだいぶ子どもっぽくなっていますよね。そして、タイタスが、寝ころがったんです。手を上にして、仰向けに寝ているでしょう。これは、タイタスの子どものころの寝方なんです。大人になるとおなかが大きく出るからうつぶせに寝るのが多いんですけど、このときタイタスは子どもに戻っちゃっている。で、近くにいた子どもゴリラをつかまえて、遊び始めたんです。これが子どもの遊び方なんです。ゴリラの大人はめったに笑わないんですけれど、笑い声も出しています。そのあとはっと気がついたように、子どもたちを払いのけてじっと僕をにらんだんですが、そのときはもう、おじいさんの顔に戻っていました。

小川　ゴリラにも記憶があるということですね？　記憶をたどろうとしている過程が、表情や仕草によく現われています。頭の中だけでなく体が昔にさかのぼっている、というのが興味深いですね。

山極　うん。人間だと、思い出して「やあ、お前か」ってなるんだけれど、タイタスの場合は、「やあ、お前か」ではなくて、自分が子どもの時代に戻っちゃったんですね。僕たちも、昔の写真やお人形さんを見たりすると、フーッと昔の自分に戻ることがありますよね。だから僕はタイタスにとったら、昔のお人形さんだったんだと思うんです。

小川　ずいぶん、遊びがいのあるお人形だったのでしょう。山極さんは、これがタイタスだというのは、確信を持ってお分かりになったわけですか。

山極　ゴリラには鼻の上に鼻紋という皺（しわ）があって、それは一生変わらないんですよ、指紋みたいに。タイタスはTの字が鼻の上に刻まれていて、くぼみがある。すぐ分かりました。

小川　タイタスは、先生が研究なさった中で最も多くの子どもを残したゴリラです。このタイタスと一緒に木の洞で雨宿りなさったこともあるそうですね。🔊

山極　そう、だいたい標高三〇〇〇メートルを超えている場所なので、雨が降るととても寒いんです。それでゴリラたちといくつかの木の洞に入るんですけれども、タ

🔊小川洋子のつぶやき
想像してほしい。若き霊長類学者と、子どものゴリラが、ぴったりと身を寄せ合っている姿を。安心しきったタイタスは、やがて寝息をたてはじめたらしい。「わたしは、人間以外の世界にも生きていたのである」（『野生のゴリラと再会する』くもん出版）。山極さんはタイタスとの再会を、このように感動的な言葉で表現している。

イタスが入るのが遅れて、見渡すとみんなで埋まっているわけですね。で、僕のところに「お前、どけよ」みたいに寄ってきたんです。結局僕の上に正面から抱き合うように重なって、二時間ぐらい一緒に寝ていました。重かったですよ。

小川　体と体で記憶しあった間柄ですね。ところで、生物学的には人間とゴリラは、どれぐらい近いといえるんでしょうか。

山極　遺伝子の組み合わせをゲノムといいますけれど、人間のゲノムをゴリラ、オランウータン、チンパンジーと比較すると、チンパンジーとは一・三七パーセント、ゴリラとは一・七五パーセント、オランウータンとは三パーセント以下しか違わないんですよ。ところが霊長類の中でサルと呼ばれている系統とゴリラは、六パーセント以上違うんです。今三百種類ぐらいのサルや類人猿がいるんですけれども、そのなかで人間とチンパンジーとゴリラとオランウータンはヒト科とよばれているヒトの仲間です。

小川　なるほど。そのゴリラは、オスのリーダーを中心に、複数のメスと子どもで群れを作って暮らしている。なわばりは持たず、菜食主義なんですよね。

山極　ゴリラはオスだけ大人になると背中が白くなるんです。そのうちのあるオスがリーダーになって、その周りに複数のメスと子どもがいて、だいたい十頭ぐらいというのが平均的な群れの構成です。

小川　その背中にはシルバーバックという美しい名前がついています。そして何より驚くのは、彼らが実に複雑なコミュニケーションの方法を持っている点です。先生がゴリラの研究を始めたとき、まず挨拶の仕方を教えられたそうですね。

山極　そうです。僕にゴリラのことをよく教えてくれた先生は河合雅雄*さんですが、アフリカの現場でマウンテ

＊河合雅雄（一九二四―二〇二一）　日本の霊長類学の草分け的存在で、河合隼雄の兄。ニホンザルやゲラダヒヒの生態、社会の研究、とくにニホンザルのイモ洗い行動など霊長類の文化的行動を発見したことで知られる。一九五九年にアフリカ中央部のヴィルンガ火山群でマウンテンゴリラの調査を行い、その姿を初めて写真に撮った。京都大学霊長類研究所所長、日本モンキーセンター所長、兵庫県立人と自然の博物館館長、兵庫県立丹波の森公苑（こうえん）長を歴任。児童文学者としても知られ、草山万兎（まと）というペンネームで多くの童話を世に出している。（山極註）

ンゴリラのことを指導してくれたのは、ダイアン・フォッシーというアメリカの女性の学者です。一九八五年に亡くなりましたが、その方に初めて会ったときに、「山極くん、ゴリラの声を出せる？」って言われましてね。その前に僕はコンゴでゴリラを見ていましたから、一生懸命出して合格点をいただきました（笑）。ゴリラの群れの中に入っていくためには、ゴリラにならなきゃいけないんです。人間のようにちまちま動かず、ゴリラより早く動いてはいけません。自分がゴリラになったつもりで振る舞いなさいと教えられました。

小川　面白いのは、山極さんがちょっと間違ったことをすると、注意をすることとです。

山極　そう。間違ったことをすると「コホッ、コホッ、コホッ」って咳払い（せきばら）をされるんですよ。「違うぞ、おまえは」ってね。もう一つ、クエスチョンバークというのがあるんです、「ウオウッ？」っていうまん中のオを高く発音する声。

小川　「なんだ、それは？」みたいな。

山極　それで、「これはヤバい」と思って、正しいと思われる行動をとると、「ウ～ン、よろしい」って言ってくれるんです（笑）。フォッシーはこれを「フー・アー・ユー」という英語に似ていると思ってクエスチョンバークと名づけたんです。こういうゴリラと人間の関係は動物園とは逆なんですね。動物園は、野生動物を人間の世界になれさせるために馴致（じゅんち）ということをやるわけですが、野生では逆で、彼らが僕をならしてくれるわけです。

ゴリラも孤独をかみしめる

小川　ゴリラは歌を持っていて、ハミングをする、というのも驚きです。

山極　二種類あってね。一つはすごく美しい、メロディックなハミング。これは一人でいるときが多いんですよ。どうも自分に向かって歌っているんじゃないかと思うのね。最初に聞いたときは、道を外れてやってきた観光客が、『グリーンスリーブス』だかを歌っているのかと思ったんです。それで危ないからって注意をしようと、その観光客を探したんですよ。でも全然人影がない、足跡もない。「おかしいなあ」と思っていたら、ゴリラがいたんですよ。群れから外れて行動をし始めている若いオスゴリラが一頭で鳴いていたんですね。

小川　寂しさを紛らわせるためだったんでしょうか。

山極　一人で行動するゴリラのオスというのは、本当に孤独なんですよ。いったん群れを離れてしまうと、ほかの群れからも絶対相手にされないし、ひとりゴリラ同士の付き合いもほとんどない。そういうときに、自分を勇気づかせるために、あるいは楽しくなるために鳴くのかなっていう気がしています。

小川　もうすでに、そこに物語があるような気がします。孤独をかみしめるというのは人間だけの特権じゃない。

山極　森の中は、複数なら二人で歩くのも三人以上で歩くのも一緒なんです。でも一人で歩くと、とたんに物音が気になる。鳥が歌っていても、ガサガサ音がしても、他の人がいると全然それが気にならない。でも一人でいると、一対一でいろんな動物たちと出会うし、自力でその環境と動物との関係を切り結ばなくちゃいけないわけです。襲ってくるかもしれない。向こうもじっと身をひそめて、人間が来るのを見ているわけです。

小川　怖いですね。

山極　そういう状況を一人で全部乗りきっていかなくちゃいけない。だからひとりゴリラも、自然の中の気配や物音が気になって、歌でも歌わないと不安なのではないか、と思うんです……。歌でなくても、自分ひとりで

「グフーム」ってあいさつをしたりすることもあります。

小川　グループの中でコミュニケーションを取るだけでも高度だなと思いますが、さらに自分と対話する方法を持っている。

山極　もう一つは、ハミングといったり、シンギングといったりするんですけれど、みんなで合唱をするんですよ。これは、みんなで食べているときにしか鳴きません。一人が食べていても、ほかが食べていないと鳴かない。

小川　「あ、今みんなにキイチゴが行き渡っているな」という満足の共感があるわけですね。共感がないと、歌は合唱できませんものね。

山極　あ、なるほど、そうですね。みんなで楽しさをわかち合うために声を出すんですね。

ゴリラの共感能力

小川　ドラミングというのがありますね。あれはキングコングに象徴されるように、相手を脅かすためにやっているんだと素人（しろうと）は思うんですが、実はまったく違うそうですね。

山極　ドラミングというとこぶしで胸を叩（たた）くシーンを皆さん思い浮かべると思うんですが、実際は、手のひらで叩くんです。ゴリラのオスには喉元（のどもと）から胸の下にかけて喉頭嚢（こうとうのう）というのがあって、息を吸い込むとちょうど太鼓の革を張ったようになる。それを両手で叩くと、非常にいい音がします。人間の腹つづみ以上にすばらしい太鼓ですよ。ドラミングは自己主張とか、興奮とか好奇心とか、いろんな感情表現に使われますが、戦いの宣言ではありません。ゴリラたちは、自分の意思を相手に危害を加えずに紳士的に伝えるということを編み出したんですよ。

　いまお見せしている動画は、大きなオスのゴリ

小川洋子のつぶやき

キングコングも罪なことをやってくれたものだ。実際のドラミングがいかに洗練された美しい動作であるか、映像を見ただけで十分に伝わってくる。平等の精神を実現するため、人間がわざわざ一杯のお茶を飲むための型をこしらえたのと同じように、彼らはドラミングをするのだろうか。

ラが、フクロウの子どもと遊ぼうとしているところです。こんなとき、チンパンジーならフクロウをつかまえて殺してしまうこともあるのに、ゴリラはそっと指を伸ばしてくすぐるようにしていますね。これだけ体の大きさが違うのに、対等な関係をきり結ぶというところが、遊びの極意なんです。フクロウも遊ぼうとしていることをわかっているから逃げない。逆に、飛べないゴリラをからかったりするんですよね。今、胸を叩きましたよね。これが興奮の表れのドラミングなんです。わざわざ枝を手でつかんで、自分が動きすぎないように気をつけて、胸を叩いていますよね。脅かさないようにしているんですよ。フクロウが飛び立ったあと、本気で胸を叩くんです。

小川 ほかの動物と一緒に遊ぶことができるなんて、もう想像を絶する能力です。

山極 ゴリラもペットを飼えるんですよ。アメリカのココという有名なメスのゴリラはネコを飼っています。

小川　その気になればひとはたきでやっつけられる小さな生き物と遊べるということは、つまり弱い者の気持ちになっている、共感しているということですね。

山極　自分だけじゃなくて相手もその気にさせて、楽しいルールを作り上げていくのが遊びなんです。例えばサルはほかの動物となかなか遊べないし、自分たちで遊んでも、長続きしないんです。ゴリラやチンパンジー、特にゴリラは、ものすごく長い時間遊ぶことができる。一時間でも二時間でも遊べるんですよ。

小川　ゴリラ同士の遊びにはいろいろ種類があるんですか。

山極　お山の大将ごっことか、人間で言う電車ごっこ、あるいはターザンごっこ。高いところに競争して登って、胸を叩く。この動画では木を揺すっているでしょう。こちらでは笑っている。こうして「一緒に遊ぼうよ」と誘っているんです。人間のように声を出して笑えるのは、霊長類ではゴリラ、チンパンジー、オランウータン以外いないんですよ。

小川　つまりヒト科だけの特徴ですね。最初に出た、あのタイタスは遊ぶのが上手で、エイハブという、おそらく人間のしかけたワナにかかったせいで足を失ったハンディのあるゴリラとも、ちゃんと遊べたそうですね。力が出しきれないものも、遊びの中で思わぬ力を発揮して、喜びを得るということですか。

山極　ゴリラって、体のハンディを悲しんだり、卑屈に思ったりは絶対しないんです。今ある自分の体を十二分に使って、できることを楽しむんですよ。過去の自分と今の自分を比較したりしませんから。

小川　周囲も、それをちゃんと考えている。

山極　そうです。相手と違う能力を前提にして、それを確かめ合いながらルールを作り上げていく。そのルールは、お互いが楽しくなければいけないというルールなんですよ。

小川　お互いが平等になるためのルールを作って、しかもそのルールを状況によって随時変化させてゆく。そう考えると、遊ぶというのは非常に複雑な行為です。つまり、ゴリラの心も、外にあるということではないですか。

山極　そう言われると、ゴリラもそういう境地に少し達遊ぶ相手との間で、心がやりとりされている。しているのかもしれませんね。

高い社会性を有するゴリラたち

小川　ご本の中に、シリーというゴリラに顔をのぞきこまれたとき、意味が分からなくて目をそらした話が出てきました。

山極　僕はゴリラの調査をする前に、ニホンザルの調査をしていたんですが、サルが相手の顔を見つめるのは軽い威嚇なんです。サルは弱い方が身を引くことによって喧嘩を避けていますから、見つめた相手を見返すと、挑戦を受けて立つことになるわけです。だからゴリラの場合も目を避けるのが礼儀だと思っていたわけね。ところがそうじゃなかったんですよ。遊びに誘うとき、交尾をするとき、お母さんが子どもに言うことを聞かせるとき、喧嘩のあとに仲直りをするとき、つまり自分が相手に入りこんで、相手を操作しようとするときに、必ずのぞきこみ行動が起こるんですよ。

小川　例えば二頭が喧嘩になったときには、別の一頭が仲裁のために間に入って、お互いの顔をのぞきこんで喧嘩を収める。争いを制止するために、目を見るだけでお互いを傷つけあわないで仲裁する。

山極　顔と顔とを触れ合うぐらいまで近づけるんです。においをかぎに来ているわけじゃないんですよ。嗅覚は人間より弱いぐらいですから。例えばこの写真がそうで

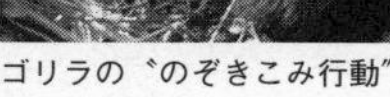

ゴリラの〝のぞきこみ行動〟

すね。

小川　ああ、三頭がこんなに近づいて。

山極　二頭のシルバーバックがぶつかろうとしているところに若いオスが入ってきて、顔を近づけて仲裁をしているんです。すると、シルバーバックたちは自分より小さな若いゴリラの仲裁を聞くんです。実はオスたちは戦いたくないんですよ。でもメンツがあるし、弱いところも見せたくないから。

小川　誰か仲裁に来てほしいと思いながら、戦うふりをして……両方のメンツを保つために勝者は作らない。オスはなかなか複雑な生き物ですね。孤独にも耐えなくちゃいけないし。

山極　そう、それがゴリラの社会の作り方なんです。仲間に頼らないと、自分だけでは物事が解決できない。

小川　家族内でもめごとが起こったときに、人間が家庭裁判所で仲裁してもらって和解するようなことを、この

仲裁する様子

のぞきこみでやっているんですね。

山極　そうか、裁判官か、あいつらは（笑）。どっちかに味方をするためじゃなくて、喧嘩をやめさせるために間に入っていることをみんなが知っているからこそ、仲裁が成立します。ゴリラはそれを小さいときに覚えるんですよ。生まれてから二、三年ぐらいたって乳離れするようになると、今度はお父さんが引き受けて子育てをするようになります。そうするとこんなことが起こります。この動画では、お母さんはお父さんのシルバーバックのもとに子どもを置いて出かけています。お父さんが子どもたちの群れの中で横になって、子どもたちを遊ばせているでしょう。

小川　お父さんの背中が子どもたちのすべり台になっています。

山極　こういう遊びの中で、なにかトラブルが起こるとします。そうすると、すかさずシルバーバックが起きて

シルバーバックのオスの背中をすべり台に

仲裁に入るんですよ。そこでえこひいきしないのね。子どもたちはそうやって仲裁の仕方を覚えていくわけです。それはお父さんじゃないとできない。お母さんだと、どうしても自分の子どもの後ろ盾になってしまうんですよ。

小川　あ、やっぱりそういうものなんですか。

山極　サルとか人間のお母さんよりは、後ろ盾になることは少ないですけどね。ゴリラのお母さんは子離れが早いですから、子どもにべたべたし続けることはないのです。

小川　子どもをお父さんのところに置いて、お母さんはご飯食べに行っちゃったりするわけですね。メスがそうやってお父さんに「あなた、任せたわ」と、ちゃんと父親教育をしているともいえます。つまり、シルバーバックといえども、生まれながらの父親ではなくて、こういう体験を通して父親になっていくということでしょうか。

山極　そうです。だからまず、自分の子どもを預けられる、信頼できるオスとしてメスに認められて、そのあと子どもから認められて、父親になっていくんですね。父親になるためには、二重の選択を受けなくちゃいけない。だからもともと本性としてある父親像じゃなくて、作られる父親という感じがしますね。

小川　ここに映っているシルバーバックのお父さんは、理想的な父親ですよね。あんなにじーっとうずくまって、なにをされても文句を言わないで。

山極　まあそうなるまでには、けっこう修業をしないといけない。メスはオスを操作しているんですよ。オスを叱（しか）ったり食ってかかったりしながら、危険が起こるとオスの後ろに隠れるし、オスがいなければ呼ぶしね。

小川　「ちょっと、あなた」と（笑）。

山極　チンパンジーは道具を使うけど、ゴリラはほかのゴリラを使うんですよ。メスに特にそういう傾向が強いです。

小川洋子のつぶやき
夜泣きする赤ん坊を抱え、髪を振り乱す妻。その傍らでただおろおろするばかりの夫。ありがちなパターンだが、ゴリラの子育てから考えると仕方ない状況と言える。本来集団でなされるべき子育てを一人押し付けられて妻は怒り、修業の足りない夫は戸惑う。どんなに文明を発展させようとも、やはり修業は必要なのだ。

小川　動物園では、出産しても母親が育児放棄をして、仕方なく飼育員が育てるという話はありますけれど、メスのゴリラの母性は生まれながらにあるものなんですか。やっぱりそこにも文化的な修業みたいなものはあるんでしょうか。

山極　京都市動物園で三年前（二〇一一年）に生まれたゲンタロウっていう赤ちゃんがいて、お母さんのゲンキにお乳が出なかったので飼育員の方がミルクをやっていたんですが、このままだと自分を人間だと思って育ってしまいゴリラに戻れなくなるので、一年後にお母さんに戻したんです。でもゲンキの母性はなかなか出てきませんでした。それまでと同様に飼育員の方がミルクをやって、それからゲンキに戻すのですが、なかなかゲンタロウを抱かなくてね。やっと抱き始めたら、今度は赤ちゃんを自分で独占したがってね。お父さんがやっぱり興味津々（しんしん）で、赤ちゃんに触ろうとするわけね。でもゲンキに怒られて、なかなか触らせてもらえないんですよ。やっと最近、触らせてもらえるようになったらしいですけどね。だからお母さんとしての行動も自然に出る話じゃないでしょうね。たぶん、赤ちゃんがおっぱいを吸ってくれたり、いろんな接触の仕方をしてくれる中で出てくるのかもしれませんね。

人間のオスはなぜハゲる

小川　シルバーバックの背中は、気持ちよさそうですね。動画をみると子どものためにそうなっているとしか思えません。

山極　あそこだけ、毛が短くなっているんですよ。ビロードの芝生みたいで本当に美しい。白い背中は子どもたちの憧れの的で、それを触りにやってくるわけです。ゴリラのオスは、他にも子どもに好かれる特徴を備えてい

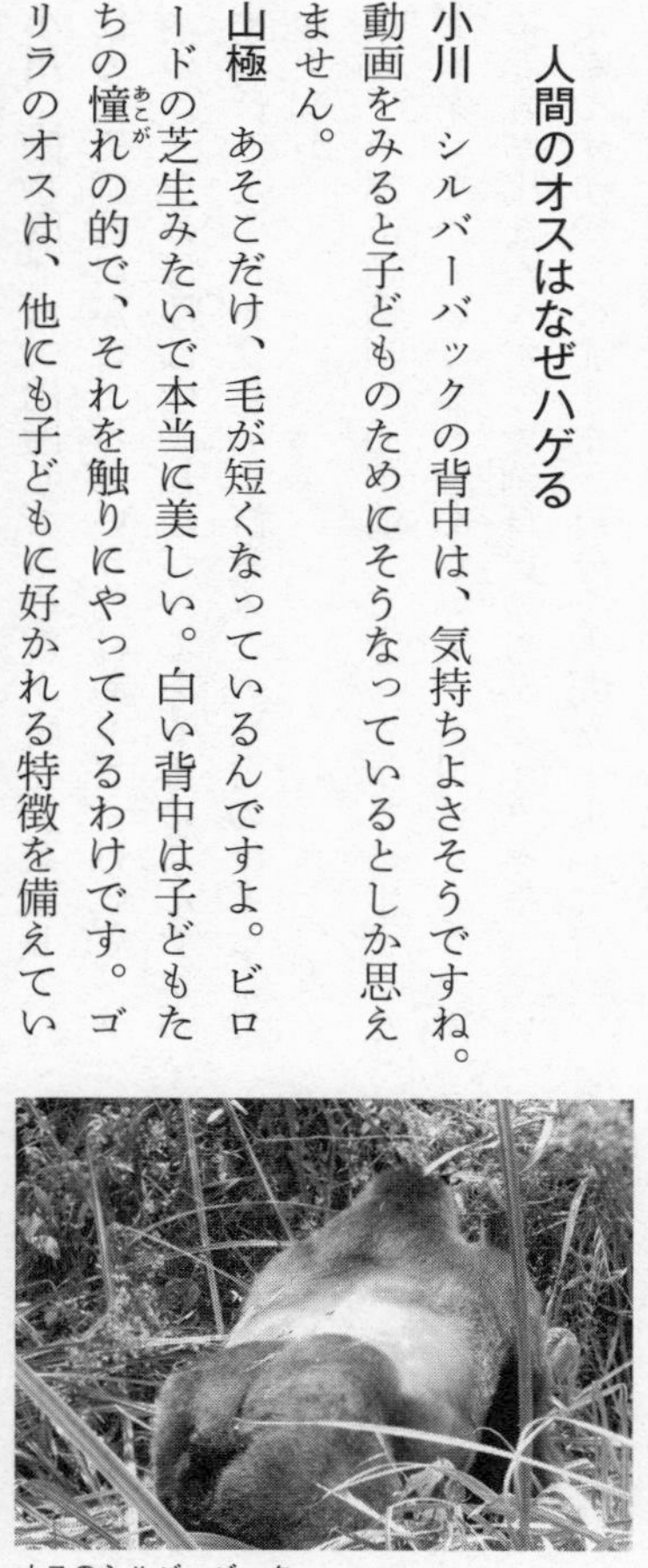
オスのシルバーバック

ます。例えば太く大きな声が出せる。これは子どもに安心感を与えます。子どもが癇癪を起したときも、オスが「ウオッ！」って吠えるとそれ以上、わがままを言わなくなる。これは人間でもあるじゃないですか。

小川　雷が落ちるっていうやつですね。

山極　ええ。でもそれは、子どもが憎くて怒鳴るんじゃなくて、子どもの行動を是正したいから吠えるわけですよね。だから子どもにとっても怒鳴られたり怒られていることがむしろ気持ちよくなる。それからすごくおなかが大きいですよね。このおなかにしがみつくと安心できる。ちょっと不安を感じると、子どもたちはすぐ父親のおなかにしがみつきにきます。

そういう特徴は、人間の男にもあると、僕は思っているんです。例えば男が、子どもに安心してもらえる年齢になると、つまりオヤジになると、ハゲてくるわけですよね。

小川　ハゲの理由は、子どものためだった（笑）。

山極　ハゲは女性にはあまりうけないじゃないですか。でも子どもにはすごくうけるんですよ。

小川　おなかも太鼓腹になりますしね（笑）。

山極　だからオスが子育てをする種は、子どもに好かれるような特徴がオスに発達するんじゃないかと、僕は思っているんです。

ゴリラと人間の文化的相似性

小川　ゴリラの振る舞いを見ていると、動きが雄大で、品格を感じます。お相撲の仕切りとか、歌舞伎（かぶき）の見得とか、型にはまった動きに通じている気がします。

山極　うん。僕も相撲を見たときに「これだ！」と思いました。例えば相撲の「仕切り」はゴリラのドラミングディスプレイにそっくりです。はじめに塩をつかんで投

ナックルウォーキングの姿

げるじゃないですか。そして坐って柏手を打つ。ゴリラはまず草をほうり投げる。そして立って胸を打つ。それに蹲踞の姿勢のあと、相撲取りは拳を土俵につけるじゃないですか。あれはまさにゴリラのナックルウォーキングです。

小川　言われてみればそうですね。

山極　相撲はスポーツですから、お互い対等な力でぶつかるために行司がいるわけです。で、行司っていうのは相撲取りよりもずっと体が小さいでしょ。勝負を決するとき、両者より体の小さいものがそれを判定する。そのルールの作り方も、ゴリラと似ているんですよ。

歌舞伎も、例えば見得を切りますよね。あの構えが、ゴリラのドラミングなんです。歌舞伎が登場した江戸時代前期に、日本人がゴリラを知っていたわけがない。ではなぜ似たような姿勢が、日本の文化とゴリラの間にできたのか。僕は、社会のあり方が似ているんだと思うん

ドラミングの瞬間

です。つまり人間も、対等性や平等性をすごく大事にしますよね。しかも男はメンツが大好きで、内面は気弱でも外見では負けたくないという、そういう構えをして生きている。だから美しいもの、男らしいものを求めていくと、ゴリラのドラミングに似ちゃうということなんだと思うんです。

小川　日本の文化をさかのぼっていくと、ゴリラ的なものに近づいていく。日本の伝統芸術を知るうえで、ゴリラがヒントを与えてくれるかもしれません。

山極　そうですね。僕は芸術のことはあまり分からないですけど、でも美を求めていくときに、それが身体を根拠にして作り上げられる場合は、似ちゃうんじゃないかなと思いますね。

人間の言語の起源を探る

小川　最初にお話が出た女性研究者、フォッシー博士がモデルになった『愛は霧のかなたに』という映画の中で、主人公がゴリラを見て、「なんてきれいなんでしょう！」と、もう心の底から言うシーンがあります。研究対象を無条件で愛する心がなければ、本物の研究はできないんだなあと思いました。フォッシー博士のような体験が山極さんにもきっとおありになるんじゃないですか。

山極　ありますよ。一九八二年かな、ゴリラと別れて人間の世界に下りてきたときに、人間がとてもつまらなく見えました。人間の身体そのものが不格好に見えるんですよ。しかも、あたりをキョロキョロと見回して視線が定まらない。人間って、なんて小さな、嫌な動物なんだろうと思いましたね。

小川　しかも言葉を話す（笑）。

山極　そうそう。言葉がね。さっき、のぞきこみと言いましたが、人間はゴリラのようには顔を近づけない。でも、近づける場合が二つだけあることに気づきました。どういう場合だと思いますか？

小川　赤ちゃんの寝顔をのぞきこむときとか。

山極　うん。お母さんと、まだ言葉をしゃべらない赤ちゃん。

小川　あ、言葉がない状態のときですね。

山極　言葉をしゃべらなくてもいい間柄。もう一つ、これも言葉がいらない間柄があります。

小川　愛し合っている者同士、ですか。

山極　そう。でも人間は相手の顔を見ている必要があります。そういう特徴を人間の顔は持っているんです。サルや類人猿の目と比べると、人間の目だけ違う、それは横長で白目があることなんです。だから、目がちょっと動いただけでもその動きをモニターできる。それで相手の心の動きを捉(とら)えていて、これができないと、たぶん会話することができないと思うんです。

言語の獲得というのは、おそらく人間の進化の中でもとても新しいできごとだから、まだ安っぽいんですよ。でも、対面して見つめ合うのは、おそらく起源が古くて、気持ちを通じ合わせながら心を共有できるコミュニケーションなんだろうと思うんです。相手をじっと見つめるのは威嚇になるからサルにはできない。でもゴリラにはできる。ただ、白目の動きを察知するためには互いにある程度離れないといけない。だから逆に、言葉が生まれたのは、この距離を保つためなのかもしれないなと僕は思うんです。意味が最初ではなくて向き合うことが重要だった。でも、じっと黙って目を見つめ合っていたら気味悪いじゃないですか。だから、音声を発し合いながら……。

小川　間を持たせながら、相手のこの白目に浮かんだ虹彩(こうさい)を見ていると。

山極　そういうことが、人類の進化のある時期に続いたんじゃないかと思うんですよ。では、声っていったいなんのために発達したんだろうかといったら、最初はメロディ、音楽なんですね、きっと。さっき、お互いが食べ物を十分獲得して、争わなくてもいい状況になったときに、ゴリラはみんなで合唱するという話をしましたけども、そういうものじゃないかなと思うんです。

小川　共感の場面に歌がある。言葉の起源がそこにあるという匂(にお)いがぷんぷんします。

山極　音楽的な音声から、人間のコミュニケーションが作られた。それが人間のどういう能力を高めたのかっていったら、たぶん心を通じ合わせるということだったと思います。

言葉によらない共感を描く

小川　こうして伺っていけばいくほど、ゴリラに映る人間の姿がよく見えてきます。山極さんがおっしゃったように、自分とは何者かを考える時、ゴリラという他者はうってつけの鏡ですね。

山極　最後にちょっと質問したいんですが、小川さんは、動物のことが好きで小説によく書きますよね。で、どうですか。動物の心は分かる？

小川　いやぁ、人間の心も分からないぐらいですから(笑)。ただ、分かったつもりになって、そのつもりの状態がとても心地いいと感じることはあります。

なぜ動物をよく小説の中に登場させるか、というと、言葉を持たない相手に言葉を映し出すと、書くべきものがくっきり見えてくるんです。言葉を持たない動物に、言葉を映して、それを書きとるということをしているんだと思います。自分の中にある言葉を外に向けて発するだけでは、どうしても行き詰ってしまうので、なにかに映し出すなり、なにかにぶつけないと、言葉の本質が見えてこないという感じですね。

山極　なるほど。アフリカの熱帯林や日本の森を歩いていると、自分とはまったく能力の違う生物と出会うことがありますよね。言葉は通じないけれど、その生物と僕たちの間では何らかの合意というのが成り立つ。僕は言葉を生業にしていないから特にそう思うのかもしれないけど、われわれの能力がすごいのは、身体や精神的な能力が違う動物との間に、了解事項を作ることができるということなんです。つまり、本当のことは分からないけれども、でも合意して共存することができるという性質なんです。

河合隼雄さんのことを思い出せば、やっぱり数学というのはイデアなんです。数学は、自然の中にある法則を見つける。自然っていうのは繰り返しがないですから、きちんとまとまった定式はないんです。だけどそこに何らかの法則性を見つけるのが科学で、その一番純粋な形というのが、たぶん数学なんですね。言葉は、それをもっともうまく映し出すものなんです。数式を説明するのは言葉じゃないですか。でも同時に、言葉は本当は違うものを同じものにしてしまう大きな力があるんじゃないでしょうか。例えば「走る」という動作は、ニワトリもイヌも人間も、本当はそれぞれ違っているのに、同じ「走る」という言葉に置き換えちゃえば、どれも想像できるわけですよね。そういう力を持っている。ただそれは、うっかりすると、ネガティブなことを生み出してしまうかもしれない。

小川　置き換えによって切り捨てられる部分が大きくありますね。

山極　あいさつもそうで、単に言葉を発するだけではなくて、生身の顔とか、身体の接触とかいうもので担保しなくてはならなかったものを、今は言葉で代用しているわけですよね。

小川　言葉で代用できなかった部分に実は真実が隠れている、ということはしばしば起こりますね。今日は共感という言葉が何度か出てきましたけれど、私が最も深い共感を覚えるのは、夕暮れにイヌと散歩に行って、「きれいな夕焼けね」とつぶやいて、イヌもそう感じていると思えるときです。主人にそんなことを言ったって、なんの共感も得られませんけれども（笑）。

山極　言葉をしゃべらない方が、共感できるかもしれない。

小川　その、言葉によらない共感を、小説に書かなくちゃいけないのだと思いました。

（この対談は、河合隼雄財団主催による〈河合隼雄物語賞・学芸賞〉記念講演会『森に描かれた物語を求めて―ゴリラとヒトが分かち合う物語―』〔二〇一四年二月十日、紀伊國屋サザンシアター〕を再構成したものです）

Ⅱ　ゴリラの背中で語り合う

京都大学の山極研究室にて（2014.7.16.）

家族愛に必要なもの

小川　今日は京都大学の山極さんの研究室に伺っていますが、ここに来る前、京都市動物園のゴリラに会ってきました。三頭とも木を模して張り渡した鉄骨の上にいる時間が多くて、改めて彼らの生活場所は木の上なんだと思いました。🔊

山極　ゴリラには主に地上で暮らす種と樹上もよく使う種の二種類いるのですが、京都市に限らず日本の動物園にいるのはニシゴリラで、樹上性が強いです。でも野生の暮らしがよく観察されていたのは地上性のマウンテンゴリラでしたから、これまでは地上性として飼っていたんですね。しかし、ニシゴリラの生態が分かってきたことで、今年（二〇一四年）の四月にゴリラ舎を新しくす

🔊小川洋子のつぶやき
山極さんの著書『ゴリラは語る』（講談社）のはじめに、一枚の写真が載っている。一人の男の子が、二股に分かれた木の枝の間に、すぽん、とおさまっている。こちらを向いて、心配事は何もない、世界は平和そのもの、といった様子で笑っている。この少年に、ゴリラ研究の将来は既に約束されていたと言っていい。

るときに、木の上で暮らすような作りにしたわけです。

小川　大きな体なのに、あんな幅の狭いところを器用に歩いて、とても上手でした。平均台の上を歩く体操選手みたい。

山極　あのゴリラたちもすっかり慣れたみたいだね。ブラキエーション（腕わたり）もしていたでしょう。足でもぶらさがってませんでした？

小川　ええ、どっちが手だか足だか分からないくらい、使いこなしていました。

山極　ニシゴリラの足は、マウンテンゴリラと比べると手に近い形をしています。一方、マウンテンゴリラの足は人間と似ていて、歩くのに適している。

小川　あとびっくりしたのは、オスのモモタロウとメスのゲンキでは体格がぜんぜん違いますね。

山極　モモタロウはゲンキの一・六倍くらいの体重があります。ゴリラはオスとメスの体格差が大きくて、大体二倍くらい違う。平均的には、メスが一〇〇キロでオスが二〇〇キロになる。人間の男の体重は女の一・二倍くらいです。

小川　そのモモタロウに上から見下ろされるとすごい迫力です。私の隣に子ども連れの若い夫婦がいたのですが、モモタロウが下りてきて歩き出すと、奥さんが思わず「かっこいい！」と声を上げていました。

山極　まさに百聞は一見にしかず、ですね。

小川　子どものゲンタロウがガラス越しに目の前まで来てくれたので、一生懸命にのぞきこみ行動をしたのですが、彼はあまり魅力を感じなかったようで、「なんか変なおばさんだな」という、ちょっと困った顔をして去って行きました（笑）。ゲンタロウはお母さんのゲンキにべったりなのかと思ったら、そうでもないんですね。

山極　うん、もう親離れしているからね。もうすぐ三歳。

小川　でもやっぱり子どもだなと思うのは、ちょっと移動するときに、意味もなく一回転したりするんですよ。やらなくてもいいことをするのが、子どもらしいですね。ネットの動画を見ていても、棒の周りをクルクルずっと回っていたりします。途中で目が回るのか休憩するんですが、また同じ方向へ回り続ける。

山極　ゴリラは回るのが好きなんですよ。ピルエットと呼ばれる行動で、ひとりでもふたり互いにでも、回って遊ぶんです。

小川　クラシックバレエのピルエットと同じですね。あの三頭は、家族ではありますが、ゴリラの集団としてはいびつなんですよね。

山極　やっぱりメスと子どもが複数いたほうが本当はいいよね。

小川　メスがゲンキだけだと、ちょっと心もとないというか、かわいそうな気がしました。

山極　ゴリラは年子がいないんですよ。四年に一度くらいしか子どもを産めないから。

小川　三年くらい授乳しているんですね。でも、ゲンキはおっぱいが出なかったとか。

山極　だから最初は飼育員が人工保育をしてね、それからゲンキのもとに戻しました。これは日本では前例のないことで、母親に自分の子どもだと認識させるのが大変でしたね。

小川　おっぱいをやることで、母親と子どもの間に絆(きずな)が育っていくということですか。

山極　それもあるだろうけど、やっぱり一緒に暮らすのが大事なんじゃないかな。最初、ゲンキはゲンタロウのことを飼育員の子どもだと思っていたみたいだから。

小川　じゃあ、飼育員さんに悪いと思って、あまり構わなかったのでしょうか。

山極　そうそう。でも、少しずつ母性が目覚めてきて、今では問題がないみたいですよ。やっぱり、昼も夜も一緒にいて、子どもが危なっかしいときには助けてやったり、じゃれあったりすることで、絆が生まれてくるんです。

小川　前回の対談でオスは経験を積むことで父親になっていくという話をされましたが、母親も同じということですね。

山極　そうです。父親のモモタロウも、最初は子どものゲンタロウにはゲンキの許しがないと触れなかったんですよ。最初は飼育員の子どもで、次はゲンキの子どもという意識だから、とても遠慮していました。

小川　でも、生物学的には自分の子どもですよね。

山極　サルもゴリラもチンパンジーも、そして人間もみんなそうなんですが、生物学的に子どもだとしても、自分には見分けられないんです。

小川　たしかに、見ただけでは分かりません。

山極　見分けられる動物はたくさんいます。ウズラは羽の柄で、カエルは匂いで見分ける。生まれつき、どれが自分の子かが分かるんです。でも、サルや類人猿と人間は分からない。だから生まれた後の経験が親子関係を作る。そして、その経験が性的な関心を抑制するんですよ。

小川　近親相姦を防ぐということですね。

山極　親子愛というのは性的なものを払拭したところにしか成立しません。

小川　なるほど。おしめを替えたり夜泣きに悩まされたりしながら後天的に親子愛を育てている間に、自然と性的な関心は芽が摘まれてしまう。

山極　だから、生物学的な血縁関係はなくても、親子関係は作ることができます。逆に言えば、生物学的な関係があっても、育てるという経験がないと、性的な関心が生じてしまうこともありえる。

小川　家族を作り、地域を作り、社会を作っていくうちに、近親相姦で関係がぐちゃぐちゃにならないような仕組みを獲得して、人間は進化したのでしょうか。

山極　近親相姦の禁止というのは、生物学的にはなくても困らないけど、それがあることによってすべてが変わる制度です。こういうのを「ゼロタイプの制度」*といいますが、例えば人前で裸にならないというのも同じですね。裸になっても生物学的には支障はまったくないけど、そうしてしまうと社会全体が変わってしまう。

レヴィ＝ストロースはこれを「自然から文化に移行する制度」と呼びました。インセスト・タブーだって、生物学的にははっきりした理由がない。お父さんと娘やお母さんと息子がセックスをして子どもが生まれたら、もちろん遺伝的に劣性の子どもができる危険性が高くなります。でも、いとことかきょうだい同士だったら危険性は低くなる。まして義理の親子同士なら、血縁関係がないから問題ないはずなんです。しかしそれは禁止されている。そこが重要で、してはいけないと決めることに

＊ゼロタイプの制度　なぜ、インセスト（近親相姦）を犯してはならないのか、その理由を説明することは結局のところできない。しかし、それが根拠の曖昧（あいまい）な否定として現れることによって、自然から文化への超越が可能になり、自然の摂理を脱した人間的な社会が立ち現れると考えられてきた（川田順造編『近親性交とそのタブー』藤原書店、五十八ページより）。（山極註）

よって、性的ではない愛が芽生える。兄弟愛や親子愛ですね。それに、例えば僕に妹がいるとして、妹に好きな相手ができる。すると僕は応援してやろうと思いますね。なぜなら、その相手はライバルになりえないからです。だから妹や娘を家族の外に送り出すことができる。レヴィ＝ストロースはインセスト・タブーを人間の互酬性（ごしゅうせい）の根本的な仕組みだと言いました。人間にとって互酬性というのは、それ抜きでは語れないくらい強いものです。そしてインセスト・タブーがあるからこそ、娘を他の家族に差し出すことができる。その交換が一般化することで人間性が保たれて、複数の家族が集まる地域共同体が成り立つようになるんです。

小川　本当にうまく理屈が合っていますね。

山極　親子関係では性交渉をしないという傾向は、サルやチンパンジー、ゴリラでもあります。これはタブーのような強制的なものではないのでインセスト・アボイダンス（近親交配の回避）というのですが、ゴリラやチンパンジーは父系社会なので成長すると娘が集団から出て行き、その際にこの回避傾向が娘の関心を外へ向かせる効果をもつのです。

しかしこれは熱帯雨林の中で小集団で暮らしていたから成り立っていた話であって、人間の祖先がそこを出てサバンナで生きていくようになると、家族という集団がいくつも集まって力を合わせなければいけなくなった。肉食獣がいっぱいいるから、集団を大きくして防衛力を増さねばならない。そのために家族どうしが付き合う社会性が必要になってくるのですが、性の規制を設けないとむちゃくちゃになってしまう。そこで、もともとあった性質をもう少し広く適応させて、規範としてインセスト・タブーを作るようになったんじゃないかな。

ゴリラの集団はいつも一緒にいます。朝から晩までね。でも森から出た場合、食物が分散しているところだと、体の大きさや能力が違うと一緒に歩けなくなるんです。森にいた頃より長い距離を歩いて探さないといけないわけだから。人間の祖先は食物採集を分担して行ったのでしょう。能力の高い者が広い範囲を歩いて食物を集め、安全な場所に持っていく。熱帯雨林なら至るところに木があって、木の上では安全に暮らすことができた。でもサバンナには木が少ない。肉食獣に追われると逃げ込む場所が限られてくる。だから、弱い子どもや妊娠した女性は最初から安全な場所にいさせて、男たちがそこに食物を運ぶ、という分担をしたのだと思います。

そしてこれがおそらく直立二足歩行を促進させたのだろうと言われているのです。つまり直立二足歩行は長い距離をゆっくり歩くのに適している。そして立つことによって手が自由になり、食物を運ぶことができるんです。ちなみにチンパンジーは、食物を分配はするけれどめったに運びません。

小川　食べ物を運ぶ、という一見単純な動作にも大きな意味が隠れているんですね。

人間は本来多産な種

小川　それにしても今のお話を伺っていると、熱帯雨林を出たことが人間にとってどれほど大きな転機であったかがよく分かります。家族の形態、食べ物の採り方、食べ方も変わり、さらに二足歩行によって脳が大きくなり、難産になった。

山極　森を出ることで肉食獣に襲われることが多くなり、特に子どもがたくさん殺されたはずです。子どもは狙われやすいから。だから、子どもを増やさなくてはいけなくなった。その方法は二つあって、一つはイノシシのように一度に何頭も産むこと。もう一つは一定の期間に何度も子どもを産むことです。人間の祖先は後者を選びました。

小川 ゴリラは四年経たないと次の子どもが作れませんが、人間は年子でも産めます。

山極 それをどうやって達成したと思います？

小川 ホルモンが関わってくるのでしょうか。

山極 そう、ホルモンの分泌を変えればいい。

小川 早く乳離れをさせればいいんですね。

山極 乳離れをすると、二週間でお乳が止まります。すると、お乳の産生を促していたプロラクチンというホルモンが出なくなり、排卵が回復します。そして次の子どもが産めるようになる。ちなみに乳離れには何が必要かというと、離乳食なんですよ。

小川 離乳食を作ったのですか。

山極 作ることはできなかっただろうけど、子どもでも食べられる物を探すことはできたでしょう。柔らかくてジューシーなフルーツとかね。そして、それを運ぶ必要があった。
小川　なるほど。
山極　植物繊維のセルロースがたくさん含まれている葉っぱや、毒性のあるもの、棘（とげ）のあるものなどはそのままでは子どもは食べられません。だからそういったものは、親が一度口に入れて、食べやすくして与えた可能性があります。
小川　現代の人間と一緒です。
山極　ちなみに、類人猿の場合、乳離れをするのは永久歯が生えるときです。つまり、大人と同じ物が食べられるようになる。
小川　人間の乳離れはもっと早いですね。一方で、永久歯が生えるのは小学校に入ってからでしょう。
山極　そう、だから人間は本来、六歳くらいで離乳してもいいんです。それが離乳食があるおかげで早く離乳できる。

小川　そうまでして、早く次の子を産みたいということですね。

山極　人間は本来多産なんですよ。その能力を持っています。

小川　なのに、現代の日本人の多くはその能力を使っていません。私の祖父母の世代だと、よくこんなちっちゃいおばあちゃんがたくさん産んだなあということがあります。戦争中に五人も六人も……。

山極　人間の女性は、長い成長期間の中でたくましい繁殖力を身につけます。だから二十代から三十代にかけて爆発的に子どもを産める。さらに四十代、閉経するまで産むことができます。

小川　サバンナに出てきて命の危険に晒(さら)されることで、とにかく子どもをたくさん作らなければならなくなったという、切羽詰まった問題だったのですね。

山極　ただ、その頃の人間は、ゴリラ並みの成長速度だったと思います。頭も小さかったし。しかし頭が大きくなるにつれて困ったことが起こる。二足歩行によって骨盤の形が皿状になって産道を広げられなくなったので、大きな頭をした赤ちゃんを産めない。ならばどうするか、頭が小さい状態で産んで、それから脳を大きくする必要が出てきたわけです。

小川　小さく産んで大きく育てろ、ということわざもあります（笑）。

山極　ちなみに、ゴリラの赤ん坊の場合、生まれた時の平均体重は一・八キロです。

小川　人間なら低出生体重児ですね。人間は三キロ超えるのに。生まれた時の脳の大きさは、人間とゴリラで変わりませんか？

山極　人間のほうが少し大きいくらいかな。

小川　生まれた後のゴリラは、体はどんどん成長しますよね。

山極　五歳で五〇キロになります。

小川　でも、脳はあまり大きくならない。

山極　人間はゴリラの二倍近い体重で生まれて、それから脳がどんどん大きくなるけど、体はゆっくりとしか成長しない。

小川　脳を大きくするにはすごくコストがかかるということですが。

山極　だから人間の赤ん坊はまるまる太っているんです。ゴリラの赤ちゃんはガリガリですよ。

小川　一〇〇キロのお母さんが産むのに、一・八キロですものね。では安産なんですか。

山極　陣痛はあるみたいですが、数秒で生まれますよ。

小川　うらやましい（笑）。

山極　人間の赤ん坊は狭い産道の中を出てこなくてはいけないので、頭がすぼんだ状態になります。前頭骨というのがあるのですが、これが二枚かみ合わずに重なり合って縮むようになっている。

小川　できるだけ細長くなろうとしている。

山極　頭の骨が固まっていないから、脳が大きくなる余地があるんです。生まれてから一年で脳は二倍になります。その分、エネルギーが必要になる。この頃は、摂取したエネルギーの四五〜八〇パーセントが脳の成長に使われるんです。

小川　生まれてからしばらくは、体重が減ったりすることもありますね。

山極　それだけ脳で必要としている。栄養が足りなくなると、身体の脂肪を燃やしてでも、脳へのエネルギーにするんですよ。

思春期から現れる男女の違い

小川　人間の脳が完成するのはいくつぐらいですか。

山極　十二歳から十六歳です。

小川　ちょうど思春期のころですね。

山極　脳が完成すると、今度はエネルギーが身体の成長に回される。だから成長速度がアップします。これを*思春期スパートといいます。

小川　女の子のほうが少し早く大きくなる気がしますが。

山極　だいたい二年くらい早いですね。そして、女の子は思春期スパートのピークの時期になると、もう女の身体になっています。おっぱいやお尻が大きくなって、身体に丸みができる。大人のような排卵条件が整っていないから子どもは産めないけれど。一方男の子は同じピーク時に、身長は伸びるしひげも生えて声変わりもする。だけど筋肉がついてないんです。ひょろひょろのもやしっこ。

小川　ああ、なるほど。少年って本当に痩せています。

山極　男女で思春期スパートの様相はまったく違います。女の子は女の身体になる、でも子どもは産めない。男の

*思春期スパート　身長の伸び率が、脳の成長が止まる十二～十六歳に急にアップする現象。それまで脳の成長に回されていた摂取エネルギーが身体の成長に使われるようになることで起こる。女の子の方が男の子より二年ほど早く起こり、男の子の方が伸び率が高いという特徴がある。同時に、この頃第二次性徴が始まって、女らしさや男らしさが出てくる。（山極註）

子は精子も生産できるようになるから男としての生殖能力は確立される、しかし大人の身体にはならない。

小川　不思議ですね。どうして神様はそんな違いを作ったのでしょう。

山極　これは僕の想像なんだけど、女の子のほうはパートナーを見つけるためにまず女の身体になるんじゃないかな。

小川　見た目でアピールということですか。

山極　そう。相手の男に、自分と将来生まれる子どもを守ってもらわなきゃいけないわけだから、信頼関係を築いて繋(つな)ぎ止める必要がある。そのための資本として女の身体があるんじゃないだろうか。でも、そこで産んでしまうと、本当に男が守ってくれるかは分からないから、まだ出産はしない。

小川　お試し期間ですか。まず身体を見せておいて(笑)。男を引き付けておいて、これでいいと確認したら産むわけですね。

山極　遊牧民とかは環境が厳しいからまた違うけれど、農耕社会や狩猟社会では、この年代はフリーセックスが多いんですすよ。女の子は割にいろんな男と性交します。妊娠しないから。そして結婚をすると身持ちが堅くなるんです。

小川　男も相手がまだ子どもだって分かっているんですか。

山極　ええ、でも身体は女ですから、十分性欲をそそられる。しかし同じ年代の男というのは、女から相手にされないんですよ。

小川　ひょろひょろですからね。

山極　子どもを産ませることはできるのに、身体は大人じゃないから。

小川　なんだか屈折しそう（笑）。

山極　でもそれはいいことなんです。男はやっぱり競争社会だから、社会的な技術を覚えないとうまく生きていけない。いわば勉強の時間なんだね。そのときに身体も大人になっちゃうと、お互いに力が強いから、競合するときに傷ついてしまったり、殺されたりしかねない。だから身体は子どものままのほうが守られるんです。社会の中でも、子どもの身体のままのほうが「まだガキだから」って相手にされない。

小川　その間に、狩りの仕方や喧嘩（けんか）のやり方やいろいろなことを勉強して、メスに好かれるよう技術を身につける。

山極　うん、だって男が食料を供給して、女や子どもを危険から守らなくてはならないんだから。

小川　女の子がいろいろお試ししている間に……。やっぱり男の子のほうが、聞けば聞くほど気の毒というか、生きづらいですね。

山極　だから男のほうが死にやすい。

あと、面白いことに、世界中の文化にイニシエーションなる儀式がありますね。刺青(いれずみ)を入れたり歯を抜いたり、ライオンの尻尾(しっぽ)をつかんだり。でも、こういった儀式は女にはない。

小川　女の人は、初潮が来たら一人前ということになるからでしょうか。

山極　赤飯を炊(た)いたりはするけど、でも共同体の儀式ではない。女性は放っておいても大人になるし、その自覚が生まれる。それは子どもを産むことなんです。

小川　それだけ痛いですからね。

山極　男の人は、子どもを産むという経験をしないから、共同体が認めるような儀礼を経ないと男になれない。

小川　芝居仕立てにしないと大人になれない生き物なんですね。

山極　だから今の日本の男子たちが草食化しているというのは、儀式がないからなんだよね。それまでは、お祭りで神輿を担いだりしていたでしょう。
小川　田舎に行けば今でもありますね、時々死者がでるくらいに荒々しいお祭りが。
山極　ちなみにお祭りは無礼講でしょ。その日はフリーセックスのことが多い。女たちが男の子を男にしてやるんだよね。
小川　そこでも主導権を握っているのは女性ですね。
山極　ゴリラのドラミングもそうだけど、オスはパフォーマンスをして力強い自分をアピールするわけですが、それを見て選ぶのはメスなんですよ。「このオスはかっこいい、じゃあついていこうか」という。だから当然、オスはそういうディスプレイに磨きをかけないといけない。小さい頃から練習してね。
小川　性に関してだけでなく、食べ物についても同じだと聞いたことがあります。狩猟民族では、たくさん獲ってきた人に威張らせないように、弱い者のほうに選択権

小川洋子のつぶやき
フィギュアスケートの髙橋大輔選手が見せる、官能的なステップを目の当たりにした時、自分が熱帯雨林の鳥になった気がする。今、オスが派手な色彩の羽を広げ、私のためだけに懸命にダンスを披露している。つんと澄ました私は、そのオスを品定めしている。そんなメス鳥になったような、幸福な錯覚に陥る。

がある。

山極　そこはいろいろ議論のあるところですが、たしかにアフリカの熱帯雨林に住んでいるピグミーの人たちや、サバンナのサンの人たちは、そういうことをします。獲ってきた人は妬まれることを恐れて、英雄になろうとしない。みんな、誰が食べ物を獲ってきたかは知っているけれど、その人に大きな権利を与えずに、むしろ貶めるようなことを言う。獲物がぜんぜん俺たちの口に合わないとか、なんでこんな小さなものを獲ってきたんだなどと非難する。誰か特定の個人がクローズアップされてしまうと、集団が不安定になって変なことが起こるという考えがあるんですね。ただ、この特徴はアフリカの狩猟採集民には適用されるけど、南米に住んでいるアチェの人たちにはあまり見られないみたいですね。彼らの場合は、やっぱり大きな獲物を持ってくると女にモテて、子どももたくさん残せるようです。

小川　男らしさとか女らしさという言葉を使うと、時代遅れだと言われそうですが、でもそういう類人猿と人間をつなげた視点で考えてみると、やはり大事な問題ですね。オスが男性になっていく過程で必要だった男らしさは、今の人間社会でも必要なものだと思います。

山極　言い方は難しいと思いますが、今は男女共同参画社会で、いろんな職場で女性の比率を高めようという政府の方針もあって、みんな努力しているわけですが、そういう話と、男女の違いをきちんと認識しましょうという話は別だと思うんです。われわれはやっぱり生物学的な違いを乗り越えることがなかなかできない。男は子どもを産めないわけだし、女が男並みの体力を得て、まあ個人差もありますがスポーツで一番になれと言っても無理なわけで。その違いをうまく使って協力しあうのが必要なのでしょう。もちろん異性だけでなく同性とも協力をするわけだけど、その違いを常に無視するというのは不可能ですよ。

小川　男の子と女の子の両方を育てているお母さんから、子育ての実感として聞くのは、男の子のほうが優しいっていうんです。女の子が優しくないということではありません。男の子のほうが遊び方も乱暴だし、口の利き方も下品ですが、男の子だけが持っている、特別な優しさみたいなものがあるんですよね。それは私も感じます。

山極　うちも男の子と女の子で、一般化は難しいんだけど、男のほうが優柔不断だね。女のほうが、好き嫌いがはっきりしている。あんまり言うと非難されそうだけど(笑)。男はね、好きでも嫌いでも、なかなか言えないですよ。理屈を述べる。ゴリラにもそういう傾向がありす。ゴリラのオスって、来る者は拒まず、去る者は追わずですから。でもメスは、嫌いになったらスッと出て行っちゃう。

小川　ひとりのオスゴリラを見かけて「あの人がいい」

ひとりゴリラのムル

って決めたら、自分の生まれ育った群れをパッと出て行くんですよね。

山極　うん、そしてどんなメスでもオスは拒まない。

小川　メスはそれまでいた集団に未練を残さない。オスのほうがいつまでもぐずぐず出たり入ったりしているとか。

山極　未練がましい。

小川　そのあたりには明らかに性の差が現れていて興味深いですね。

なぜゴリラは子を殺すのか

小川　ゴリラの世界にもオスによる子殺しがあると聞きますが、いわゆるＤＶのような、個人的な鬱憤(うっぷん)晴らしとは違うそうですね。

山極　まず、殺すのは自分のではない子どもです。

小川　自分の子どもを産ませるためだとか。

山極　そう言われているんだけど、あくまで解釈ですよね。動物の心を理解することはできないから、何を思って子どもを殺しているのか、そのことがどのように尾を引いているのかということは分からない。分かりたいけれどね。

小川　私が切なく思うのは、子どもを殺された母親が、殺したオスと交尾をしてまた子どもを産むことです。

山極　社会生物学的に解釈すれば、自分の子どもを殺したオスというのは、自分の子どもを守れなかったオスよりも強いわけです。だから一層、これから作る子どもを守ってくれるに違いない、と見なしてメスが選ぶと考えられるのです。

小川　殺された子どもの父親は何をやっていたのか、ということですね。

山極　だからメスは殺された子どもを守れなかったオス

を必ず振って出て行きます。ただ、子どもが殺される状況というのは、半分以上は父親がいないケースです。オスが病気で死んだり、人間に殺されたりすると、子連れのメスは別のオスのいる集団に移る。するとそこで連れてきた子どもが殺されるんです。

小川　メスはみすみす、子どもを殺されると分かっていてもその集団に入るのですか。

山極　ほかにオプションがないから。オスのそばにいないと、別のオスがやってきて、やっぱり子どもが殺される。

小川　母と子だけでは生きていけない。

山極　これはとても興味深い問題なんだけど、オランウータンを除く昼行性の霊長類では、メスが単独で生活する、もしくはメスだけの集団というのは存在しません。オスには、単独の場合もあればオスだけの集団も見られますが。

普通、哺乳類の集団はメスだけというのが多いんです。ゾウ、シマウマ、シカ、みんなそうです。一頭でいるのも珍しくない。タヌキやカモシカがそうですね。オスが集団にやってきても、交尾したら出て行く。それが普通です。ではなぜ霊長類では、メス単独あるいはメスのみの集団がないのか。

小川　それだけオスの役割が大きいのでしょうか。

山極　それもあるだろうけど、オスがメスを放っておかないんだろうね。メスがひとりになっても、必ずオスがついてくる。そしてメスもオスを常に頼っている。言い方を変えれば、メスがオスを常に利用している（笑）。

小川　ということは、人間が熱帯雨林からサバンナに出てきた後の話ではないということですか。

山極　そう、もっと古くからある。

小川　でも、熱帯雨林なら、オスに頼らなくてもエサを採れますよね。

山極　事実、オランウータンはメスが単独で生きています。でもオランウータンだけなんです。この謎はまだ解けていません。

小川　一頭くらい、「私、一人で生きていきたい」と思うメスがいてもいい気がします。

山極　人間の女性は一人暮らししますね。

小川　仕事を持って一人で生きている女性は昔からいます。

山極　でもね、昔話に出てくる女性の一人暮らしって、山姥ですよ、妖怪。

小川　ああ、のけ者、変人扱いされていますね。

山極　魔力を持った怖い存在という感じ。

小川　それくらいいびつなものだったのでしょうね、結婚せずに一人で暮らすというのは。私など十年近く主人が単身赴任ですけれど、楽ですよ。たまに帰ってくると、「えーっ」という感じで（笑）。

山極　そんなこと言っちゃだめですよ（笑）。ただ、都市では確かに一人暮らしができるけれど、田舎だとまた違います。一人だけれど、みんな一緒に暮らしているとも言えるでしょ。一緒に洗濯したり、お茶を飲んだり。動物の一人暮らしというのはもっと孤独ですからね。人間で言えば仙人みたいな。そういうのは男が多いけど。

小川　なるほど、鴨長明、吉田兼好、西行、松尾芭蕉、みんな男ですね。

山極　女の人はもっとソーシャルなんじゃないかな。だからみんなで生きるというのを苦にしないのでは。

小川　血のつながりがなくても、うまくやってゆくための能力を備えているのかもしれません。

山極　チンパンジーでもゴリラでも、メスは血縁関係のない集団に入っていって、自分の位置を調整することができます。

小川　よそのメスが産んだ子どもでも、一緒に面倒を見ますものね。

山極　オスは無理をして、勉強をしないとソーシャルになれない。だからいったん孤独になって、修業を積んで……。でもそこに娘がやってくると……。

小川　「あ！」っとすぐに飛びついてしまう。

山極　断れないからね。でもそれからしばらく一緒にいて、メスは気に入らないと、出て行っちゃう。

小川　聞けば聞くほど気の毒になってきます。ちなみに強姦（ごうかん）はないのですか？

山極　ありませんね。オランウータンではそう見えることもありますが。普通、サルの交尾では、マウンティングといってメスのお尻に後ろからオスが乗ります。メスが四つんばいにならないといけないのですが、メスが嫌がっていたらその姿勢になってくれない。腰を上げませんから。

小川　それを無理やりというわけには……。

山極　できませんね。そもそも、多くのサルで、メスが発情していないとオスも発情しないんです。ニホンザルが典型ですが、メスが発情すると顔やお尻が赤くなるでしょう。チンパンジーでも、お尻が腫(は)れてピンク色になる。こういうのを発情徴候と言います。これが現れるとオスも発情するんです。

小川　のべつまくなしに発情しているわけではないんですね。

山極　発情していないメスは、オスにとって交尾の対象じゃないんです。だから強姦自体が成り立たない。しかし例外があって、ゴリラやオランウータンのメスは発情徴候を示しません。

小川　人間もそうですね。

山極　はい、そしてオランウータンのオスは発情徴候を見せないメスに、かきたてられる。一方、ゴリラのオスはメスが誘わないと発情に気がつかないことが多い。

小川　ここまで、オランウータンだけ例外というのがいろいろ出てきましたね。いったい何者なんでしょう。
山極　不思議でしょ。それに、発情していないメスでも、オスと付き合っちゃうことがあります。だから、強姦が成立するとも言える。ちなみにチンパンジーでも、強制的な交尾をオスが迫る場合があります。近親の場合が多いのですが、メスは自分のきょうだいだと分かっているから嫌がるんだけど、オスのほうは性的な関心が高まる。そういうケースはあります。
小川　人間とは違いますね。人間の場合、強姦する男は子どもを作るのが目的ではありませんから。

人間の暴力性の根源

小川　山極さんは著書の中で、狩猟民族の攻撃性は、戦争を起こすような暴力性とはつながっていないとお書きになっています。

山極　そもそも、狩猟と人間同士の争いでは、目的が違います。狩猟では、効率よく獲物を捕らえることが求められます。だから早く息の根を止めたほうがいいわけですね。経済行為だから。でも、相手が人間の場合は、相手を殺すことではなく、自分の主張を認めさせることが目的じゃないですか。認めてくれれば、別に殺す必要はない。その二つを一緒にしているのが現代なんです。

小川　人間はなぜ戦争をするのかという問いに対して、類人猿から引き継いだ本能なんだと言われたほうが、いっそ気が楽だと思うんです。先祖のせいにできますから(笑)。でも、本当はそうじゃないんですね。

山極　うん、それはやっぱり、言葉のせいだね。例えば、鬼畜米英とか言いましたよね。

小川　言葉に乗せられちゃうんですよね。

山極　武器を使って狩猟するようになったのは、人類の進化の歴史の中では比較的最近の話です。たかだか五十万年前にヤリが現れる。それまでは非常にプリミティブな道具しかもっていなかった。自分たちの力で捕まえるよりも、肉食獣が捕まえた獲物の残りを掠（かす）め取るほうが多かったわけです。そして、狩猟に用いる武器を同じ人間に向けるようになったのは、せいぜい数千年前です。だからそれが人間の本性であるはずがない。

それがなぜ本性のように語られるかというと、人間が言葉によって比喩（ひゆ）の能力を手に入れたから。これはすごく大きな力ですよ。「あいつはオオカミのように残忍なやつだ」「イヌのようにずるいやつだ」という言い方が可能になった。これは非常に効率のいい、経済的なやり方なんです。だって、相手の性格を記述するために、本当はものすごく時間をかけないといけない。いろんな行動を例に挙げて説明しなきゃいけないわけでしょう。さらに、その相手を見たことのない人には、もっと説明に時間がかかるし、ジェスチャーだけではまず無理だよね。でも、「あいつはオオカミだ」と言えれば、簡単になる。

小川　その簡単さが不気味です。簡単であればあるほど、こちらの都合によっていくらでも操作できる。誇張もできるし、嘘（うそ）もつける。

山極　トーテム*というのがありますね。例えば「私たちの祖先はクマだ。だからクマのようにわれわれは力強い」という言葉で一族をまとめあげる。そのように言葉は現れたのではないかな。他にも、擬人的に動物を考えることで、狩猟の効率を上げることができるようになる。例えば「あの動物はおなかが空（す）いているはずだから、きっとここにやってくるぞ」とか「あの二頭は親子だから、きっと人間の親子のようにこうするに違いない」といった作戦が立てられる。そういった中で言葉が生まれてきたと思います。

でも、本来違うものを言葉によってまとめられるとい

＊トーテム　家族、氏族、部族、民族などの集団のシンボルとされる動物や植物。祖霊の生まれ変わりと見なされたり、自然から特別な力や加護が得られると考えられている。（山極註）

うことは、敵も作れるようになったということでもある。獲物に対して使っていた言葉を人間相手に使う、つまり「鬼畜米英」ですね。だからもう殺してもいいんだと。獲物を殺すように人間を殺してもいいということになる。

小川　そして、その言葉のムードに皆が一緒に乗ることで、一致団結できてしまった。

以前、ジュウシマツの研究をしている岡ノ谷一夫先生がおっしゃっていましたが、言葉ができたことによって人間は「A＝B、B＝A」という考え方を身につけてしまったそうです。コップという言葉とコップそのものが双方向にイコールになったのと同じように「テロリストはイスラム教徒だ、イスラム教徒はテロリストだ」ということにもなった。本来間違っている理屈をすんなり通してしまう通路ができた。

山極　もともと違うものを、同じ価値基準でまとめ上げちゃうわけでしょ。それは本来、してはいけないことなんですよ。自然界のものというのは、絶対代替できないものなんですよ。リンゴとニンジンは違うものであって、ニンジンがリンゴに代わるわけじゃない。でも、値段をつければイコールになる。あるいは、食べ物というカテゴリーに入れれば、同じものとして扱えるんです。

言葉を使うというのは、世界を切り取って、当てはめて、非常に効率的に自分の都合のいいように整理しなおすってことなんです。

小川　そういう危険をはらみながらも、人間には言葉が必要だったんでしょうね。進化のある時点で、どうしても。

山極　うん、だから言葉というのはすごい狡猾（こうかつ）なんですよ。そして、小川さんのような方には失礼だけど、言葉というものは信頼を担保しません。やっぱり、接触や行為のほうが信頼の手がかりになる。「あの人は私にこうやって微笑（ほほえ）んでくれた」というほうが、どんなに賛辞を並べられるよりも、うれしいことなんです。

小川　そう考えると改めて、作家が背負わされている矛盾の深さを思い知らされます。本来何ものとも代替不可能な、もちろん言葉にも置き換えられないはずの、人間の心を言葉で表現しようとしているのですから。その不可能を自覚することが、作家としてはまず必要だと思います。目の前にいるこの人が鬼のようだとか、クマのように強い人だなどと書くと、小説としては面白くないんです。その人が何をしたかを書くほうが重要です。その人の心の中、例えば楽しいとか孤独だという、言葉が規定する内面を書いてしまうと、小説にならないんです。その人の微妙な目の表情や、着ている服や、ものの食べ方といった、外側に現れ出るものを描写しなければ、小説のための言葉としては生きてきません。

言語・死者・共感から戦争が生まれた

山極　先ほどの話の続きだけど、戦争のような集団間の暴力が存在する理由は、三つあると思います。一つには言葉があるから。嘘をつけるからね。そして二つ目は、死者というものを利用するようになったからなんですよ。

小川　言葉を持つことで、死者にリアリティを与えてしまったということでしょうか。

山極　おそらく言葉を持つもっと前からだと思う。集団を広げて強くするのに一番いいのは、みんながある特定の誰かの子孫だということです。集団には必ず創始者がいます。その創始者からの歴史がある。もちろん歴史というのは言葉ができてから受け継がれるものだけど、要するにみんな血縁だという意識です。その源、理由として死者が必要だった。死者を共有することで、現実とは違う利害関係で結ばれた集団が出来上がって、相手と戦えるようになった。

そして、これはやはり農耕牧畜が出てきたからでしょうが、土地というものに大きな価値が置かれるようになりました。狩猟採集では、土地に価値があるわけではない。条件がいい場所がほかにあればどんどん移っていく。でも農耕は投資をしなきゃいけません。何か月も前に種をまいて、育てて、害虫を追い払い、雑草を引き抜いて、ようやく収穫できて努力が報われます。だから土地が必要で、それを守るために多くの仲間が必要になってくる。そしてそこに墓を建てるんです。狩猟採集民は墓を建てませんよ。墓はいわば宣言です、この土地は先祖代々私たちのものですってね。

小川　境界線を引くために、死者を持ってきたわけですね。そうなると、戦いが起こりそうな予感がしてきます。

山極　戦争が存在する理由の三つ目は、共感性です。人間は共感能力を高めることで、まとまる力を身につけました。仲間が直面しているトラブルに対して、自分も助けたいと思うようになった。だから、自分には関係もないのに、仲間のトラブルに巻き込まれるということも出てくる。集団的自衛権の話もそうでしょうね。これは、他の動物にはないことですよ。「アメリカの若者が血を流しているのに、日本の若者が血を流さないのはおかしいじゃないか」と言われたら「そうだよね」と思っちゃう。これが共感のネガティブなところですね。

小川　本来、共感は人間に必要なものですよね。そして実りもある。

山極　サバンナという、危険で食物の季節変動も激しい場所で生き延びるために、共感能力が高められて、みんなで協力しあうことができるようになりました。しかも、多産なのでひ弱な、頭でっかちの子どもをたくさん抱えていたから、みんなで子どもたちを育てなければいけない。そこで、まだ言葉の解(わか)らない子どもに共感して、なんとか助けたいという能力が育ったわけです。そのため、複数の家族が寄り集まって、コンパクトな地域社会を営めるようになりました。そこまではよかった。しかし、もっと集団を拡大させる必要が出てきた。そして農業が始まった。土地に価値があるから手放したくない。それだけでなく、他の集団を排除してもっといい土地を手に入れたい。そこで、既に発達していた共感能力と言葉を使って、戦争が始まった。

　武器を使うようになって人間は戦争を始めたというけど、そうじゃない。武器は道具として使われただけです。

小川　戦わざるを得ない状況のようなものを作り出したのは、道具ではなくやはり人間の脳なんですね。

山極　ただ、戦いのための武器という使い方が広まると、それを使ってみたくなるというのはありますよね。

小川　どれくらい威力があるのか試したくなる。

山極　そして武器を作る専門家が出てくる。これは科学です。科学はより性能のよいものを求めます。それが実現すると、実際に使ってみたくなる。これが人間の恐ろしいところなんです。

小川　それを使って死ぬ人が出てきても、その家族の悲しみに共感する力より、「使ってみたい」という残酷な欲求のほうが勝ってしまう。

山極　リニアモーターカーだってそうです。あれほど電力を使う馬鹿げた乗り物はないと思うんだけど、でも使ってみたいから作るんです。

小川　家電製品もどんどん便利になっていきますよね。とどまるところを知らず努力してしまう。第一回河合隼雄学芸賞を受賞した『ナチスのキッチン』(藤原辰史著、水声社)にも書かれていましたが、リサイクルを追求し無駄をなくしたシステムキッチンを作る考え方が、ガス室で殺した人の脂でランプを灯すようなところに行き着いてしまう……極限まで行ってしまう生き物なのでしょうね、人間は。

山極　どこかで歯止めが利かなくなったのだと思います。それがどこからかはまだよくわからないけど、おそらく言葉の発現以降でしょう。ここでも比喩ということにこだわるのですが、比喩を使えば無限に新しいものを作り出すことができるわけです。それは、過去のことをずっと同じように続けていくことに耐えられなくなることでもあります。これまでとは違うもの、新しいものが必要になってくる。そして、いっぺんそれを経験すると、それを知らなかった時にはもう戻れない。それが積み重なって、現代に至るんですよ。つまり、歴史というものが自己を規定してしまう。

小川　逆戻りできない不自由さを背負わされている。それも言葉のなせる業ですね。あるいは、自分が何者かということを考えるようになるのも人間だけであり、やはり言葉がないとできないことです。

山極　厄介な話です。つまりアイデンティティということだけど、エンドレスな暴力の連鎖の原因になっているのはこれだと思う。だって自分が生まれる前の、親や祖先がしたことに対して、なぜ自分が責任を負わなくちゃいけないのか。ちゃんと考えれば理不尽な話なんですよ。

小川　従軍慰安婦問題とか……。

山極　それもあるし、中国と日本の関係でもそうですよね。日本人が中国人を虐殺（ぎゃくさつ）したから、今の中国の人たちは日本人を恨んでいるんだという言い方をしますが、よく考えてみたら理不尽ですよ。でもそうやって今の世界は動いている。これも、自分がどこから来たのか、何者なのかという話です。自分は日本人であって、日本に生まれて日本で暮らしていることは、過去の世代が日本をこれだけ発展させてきたからであって、その上に私の生活があるという思いがあるから、無視できない。でも本当にそうだろうかとも思うんです。

　さっき子殺しの話で、なぜ子どもを殺された母親が、殺したオスのところに行くのか理解できないというのがありましたね。でもそれは、人間は過去のことにこだわるから理解できないんです。ゴリラにすれば、過去にこだわる人間のほうが不思議に見えるはずです。

小川　ゴリラにとっては、子どもが殺されたという事実は今と無関係の過去になっていて、そのことに左右されないのですね。

山極　僕たちは因果というものを非常に大事に思っています。でも、ゴリラにとっての因果論に、過去は含まれません。だから、自分の子どもを過去に殺したから、次に生まれる子どもも殺すかもしれない、とはたぶん思わないですよ。

　人間なら、過去にしたことはまた繰り返されるかもしれないから、警戒しようと思います。先ほどの話と同じだけど、過去の蓄積の上に自分があるから、同じ過ち（あやま）を繰り返すのは愚の骨頂だということになる。過去を参考にして、未来に備えたいと考える。それは動物もある程度やっていることだけど、人間ほど過去にこだわらない。そこが動物と人間の大きな違いです。

小川　自分が生きていなかった世界にも、自分を置いて考えてしまうのですね。そして他人が経験したことにまで。でもそれも、人間にとって必要な感受性だったのでしょうか。

山極　ええ、だからこそ人間は繁栄したんです。他の動物はもっと保守的だから、例えば新しい場所には絶対に行かない。

小川　ゴリラは見慣れない食べ物は受け付けないそうですね。

山極　ただし、動物園で人間に身をゆだねてしまうと、与えられたものをなんでも食べるようになります。だから、人に飼われていた動物を野生に戻すのは、本当に難しい。生きることは食べることですから。自分で食べ物を探すことができなくなるということは、野生では死んだも同然なんです。
　僕は野生のサルやゴリラの調査をしているから、向こうの側からこっちの世界を見られるんです。そうすると、動物園の動物とか、ペットだとか、あるいは人間そのものが、非常に特殊な世界に住んでいるということが分かります。
小川　それに関係していると思うのですが、人間は性のアウトサイダーだって書かれていましたね。それを読んで私もなるほどと思いました。人間は本当にいびつで奇妙な生き物に進化しちゃったんだなと。
山極　でも、もう後戻りできませんから。
小川　お墓を建てて先祖代々の土地だから守ろうとする、そしてそこに侵入してくる相手を殺すというのは、まだ分かる。でも、例えば第二次世界大戦で、日本が負けることも分かっていて、自分が死ぬことも分かっているのに、敵地に飛び込んでいく……そういう死に方をしなければならない戦争を始めてしまうというのが分かりません。

山極　一つには、自分が死んだ後に残される人々のことを考えるのでしょうね。天皇陛下のために死んだ自分という存在を、親族はそれを誇りに思って生きてくれるだろうという。あるいは、もし敵前逃亡したら、親族がどんなに辛い思いをするだろうかということです。

小川　家族愛のようなものですか。

山極　それもあるでしょうが、やはり死者とのつながりですね。あの時代は、自分の身体が自分ひとりのものではないと思われていたでしょう。

もう一つは、やっぱり一種の宗教かな。人間は神というものを持ってしまった。いまの自分が生きているのは、死後の世界のためなんだと逆転現象を起こしてしまった。

だからいまがどんなに苦しくても、死後は救われて幸福な世界に行けるということになるんです。この先、二十年や三十年も生きるはずだった命をいま捧げるということは、自分が死後英雄として称えられることにつながるという思いがある。

小川　自分と家族が死によって断絶するのではなく、延々つながりあうということですね。お盆に迎え火をたいて、ナスやキュウリに割り箸を刺してお供えをするのを見ていると、人間って物語の中に生きているなあとしみじみ思います。帰ってくるときは馬に乗って足早に、去っていくときは牛に乗ってゆっくりと……死者たちが生きている自分とつながりあっているんだと思わないとには、生きていけないのでしょうね。それを政治が利用する。

山極　政治家というのは、冠婚葬祭を大切にするじゃないですか。

小川　弔電や祝電って市会議員からよく届きます。
山極　それは、その故人があなただけでなく、もっと大きなものとつながっているということを、示したいんだと思います。

敗者として進化した人類

小川　それにしても、人間はどうしてこんなにも暴力を抑制できないのでしょうか。人類学的には解明できないのですか。類人猿たちはちゃんとやっていますよね。滅亡しないように、みんな共存しようとがんばっている。「負けない構え」や「のぞきこみ」で争いを避けて……。なのに人間は戦争も強姦も殺人もする。
山極　人間って、これまでに二十種類以上地球に登場しています。そのうち、生き残ったのはわれわれだけ。
小川　滅びた種のほうが多いんですか。

山極　もっと違う心のありようを持った人間もいたはずなんだけど、勢力を広げることができなかった。いま残っている人間だけが広がったんです。その理由は分かっていなくて、だから人類学がまだある（笑）。

小川　熱帯雨林からなぜサバンナに出てきたかという理由も分からないのですか。

山極　それは、ゴリラやチンパンジーの祖先より人類の祖先のほうが弱かったからでしょうね。

小川　じゃあ、居場所を失って押し出されちゃったという感じですか。決意を固めて勇ましく、ではなく。

山極　人類の進化は英雄伝説のように語られることが多いけど、実は敗者だったんですよ。そして、その弱みを強さに変えたのが、人類の成功の原因です。人類というのは、変なことをいっぱいやってます。例えば、普通の動物は食べるときに散らばります。でも、人間は食べるときに集まる。不思議なんです。

小川　集まって食べること自体に意味を見出していますよね。

山極　セックスだって、他の動物はオープンな場所でする。でも人間は隠す。なぜなのか。

小川　他とは逆のことをしているんですね。サバンナのような、よく見える場所で性交渉をすると危なかったからということでは？

山極　他の動物はサバンナでもみんなが見える場所でしています。おそらく、家族を作る段階で、オープンな場所でするとトラブルが生じるから、だと思います。性というのをペアだけに閉じ込めた。

小川　一対一の経験として、二人だけの秘密にした。

山極　もちろん、浮気もあるんだけど、それは見て見ぬふりをする。そのために隠す必要がでてきたわけです。オープンな場所で浮気をしたら、それが真実になっちゃうから。みんな分かっているんだけど、内緒だよということですね。インセスト・タブーも、そういうふうにできたのでしょうね。

小川　微妙な空気を作る。

山極　そういう二重性というか、本音と建前のようなものは、非常に人間的な心性だと思います。でも、「忘れたことにしよう」というごまかしのようなものはゴリラやチンパンジーにもある程度は備わっています。

小川　言葉のない彼らの世界にも約束事があるんですか。

山極　合意や了解ということならばね。でも言葉がないから、後々確かめることができない。そこが限界です。言葉があれば、ある出来事を入れ子状にして、Aさんがしていることを B さんが見て、それを C さんが見て……という言い方が可能でしょ。名詞節をいくらでもつなげることができる。だから物語を紡(つむ)げるんですよ。でも、ゴリラやチンパンジーには、物語が一つしかない。

小川　その場限りの、一対一の物語ですね。

子育てからコミュニケーションへ

小川　今日、動物園でオスのモモタロウを見ていたのですが、鉄骨の一番上でお相撲さんの蹲踞（そんきょ）の姿勢になって、どこともなくじっと見ているんです。こちらには背中を向けて。それに対して、先ほども話した家族連れのお母さんが、写真が撮りたくて一生懸命「こっちを向いて！」と呼んでいるんですが、わざとみたいに背中を向けたままで。

山極　それは、見なくてもわかってるという態度です。

小川　「俺の背中を撮ってくれ」ということなんですね（笑）。

山極　振り返って見たくなるのは不安だから、つまり弱いということです。だから見なくてもいいというのは、強さの証拠なんです。お前たちのやることなんて全部分かっているという。一方メスは、不安だからつい見ちゃう。

小川　確かに、メスのほうがせかせかした感じがありました。

山極　あのオスの態度には修練が必要なんですよ。武士は食わねど高楊枝(たかようじ)と一緒でね、我慢している。

小川　その下で、子どものゲンタロウはコロコロ転げまわっている(笑)。

山極　そろそろ次の子どもを産ませる準備をするそうですよ。

小川　ゲンキはモモタロウよりだいぶ年上だそうですが、まだ産めますか。

山極　大丈夫ですよ。お乳も出ていないから妊娠できる身体(からだ)になってるし。

小川　ゲンタロウを産んだとき、なぜお乳が出なかったのでしょう。

山極　いろいろ獣医が調べたのですが、よく分からないそうです。出産のときに胎盤が体内に留まって出なかったそうで、それが気になるっていう話は聞きました。

小川　それで人工保育をしたわけですね。ところで、ゴリラの赤ちゃんに人間のお乳を吸わせることは可能なのでしょうか。

山極　アフリカではそれをやっていました。ゴリラの孤児院というのがあって、孤児になったゴリラを育てる施設があります。今はやってないけど、かつてゴリラの孤児に現地の人がおっぱいをあげていたという話を聞きましたし、その写真も見たことがあります。人間の女性はおっぱいがすごく出るんです。張ってしまってしょうがないという人がいるでしょう。捨てるほど出るって。ゴリラのメスは、あんなに大きな身体なのに、あまりおっぱいが出ない。

小川　どうして人間はそんなに出るのでしょう。

山極　次に生まれる子にも飲ませられるようにじゃないかな。二、三人くらいは一人のお母さんで賄えるから。

小川　さっきも言ったけど、人間は次々と子どもを産めるので。あるいは、他の家で生まれた子にも分けてあげられますよね。予備として。

山極　ちなみにアフリカの熱帯雨林地帯で僕が滞在した村々では、出産は女性だけの秘密です。出産するときは男を寄せ付けない。生まれて数日経った後で、出産を告げる行列が、赤ん坊を抱いた母親と一緒にその子の父親の部落にやって来ます。

小川　じゃあ、男性にとっては誰の子どもか分からないのでは。

山極　でも顔つきで分かっちゃうよね。育つにつれて、あ、あいつに似てるって（笑）。それに狭い世界だから、みんな知ってるんです。でもそれをあえて口にしない。男も女もお互い様みたいなところがあるから。

小川　責められない。

山極　しかも、子どもが増えるのは、自分の血縁かどうかにかかわらず、すごくいいことなんですよ。子どもは財産だから。

小川　たまたま深沢七郎の『みちのくの人形たち』を読んでいたら、その東北の村では、屛風(びょうぶ)を立てて誰にも見せないようにして産んでいた、というエピソードが出てきます。

山極　そこで殺しちゃうこともあるんでしょ。

小川　おっしゃるとおりです。その時は屛風を逆さにしておくのが合図。産声(うぶごえ)を上げる前なら殺したことにならないというのが、村の暗黙の了解です。昔は、生と死のとらえ方がそういうものだったのでしょうね。

山極　それも、人間が多産だということに端を発しているんです。

小川　なるほど、避妊しないと次々生まれちゃう。食べ物が足りなくなるくらい。

山極　だけどその一方で他人の子どもでも育てる。ゴリラやチンパンジーの子殺しは、彼らが少産だからであって、早く次の自分の子どもを産ませるため。人間とは意味が違います。

小川　やっぱり性のアウトサイダーなんですね。避妊するのも人間だけでしょうし、いつ排卵するのか自分でも分からなかったり。

山極　ただ、妊娠や出産という事象自体は非常に厳密で、サルにせよ人間にせよ変わりません。子育ても同じ。人間の都合でどうにかできるものではない。

小川　無痛分娩(ぶんべん)というのもありますけどね。

山極　うん、帝王切開もね。でも、いくら効率的だからといって、妊娠期間を縮めて六か月にしましょうというのは無理でしょ。生まれた子どもの成長速度を操作することもできません。

小川　どんなに科学が進歩しても、やっぱり夜泣きにはみんな苦労するわけですね。

山極　いまわれわれが生きている資本主義経済の世界というのは、時間を縮めることでお金を産みます。でもその仕組みは子どもに関することには適用できない。ある時間を過ごさないと、子どもは大人にならないから。

小川　子どもを産み育てるというのは、人間の努力ではどうにもならない、最大の経験ですね。

山極　そう、だからこそ、そこに男を参加させないといけない。

小川　男だって大人になってもらわないといけないし。

山極　そして、少子社会になるということは、ゴリラやチンパンジーのほうに近づいていくということでもある。人間はずっと多産、高齢社会を続けてきました。多産というのは、母親だけでは子どもを育てられないということで、年寄りの手が必要なんです。だから高齢者が大事にされてきた。言葉を獲得してからは特に、高齢者は経験を下の世代へ伝えることが出来るようになった。
しかし、子どもの数が少なくなると、母親だけでも育児が可能になります。類人猿の中ではオランウータンが一番少産で、七年間もお乳を与えます。その間、次の子どもは生まれない。そしてオランウータンは、メスが単独で子どもを育てるんです。

小川　またしてもオランウータン（笑）。

山極　チンパンジーも授乳期間は長くて、五年くらい。その間、育てるメスは群れの中にはいますが、他のチンパンジーとは距離を置いていることが多い。ゴリラは乳離れが一番早いのですが、それは子育てを途中でオスに任せるからです。オスが育てることでお乳以外のものを食べるようになる。それでメスは次の子どもを産めるんです。
これを短絡的に人間に当てはめると、子育ての上で女性が男に頼らなくなると、乳離れが遅くなって少子化が進むでしょうね。

小川　つまり、少子化問題を解決するには、やはり男性に育児に参加してもらうことが必要だということになりますね。さらにおじいちゃん、おばあちゃんにも手伝ってもらえば、二人目、三人目も育てられる。

山極　そもそも子育てって本来楽しいことでしょ。みんな関心を持っている。だから母親に独占させなかったんですよ。子どもがよく泣くのも、母親から子どもを離すからですし。

これはとても重要なんだけど、人間は赤ちゃんを抱きっぱなしではなく、離して育ててきました。どうしてそれができたかと言えば、音楽です。歌であやしてきた。

小川　子守唄(こもりうた)ですね。

山極　抱かれていなくても、抱かれているような安心感を赤ちゃんに与えられる。それに、人間の赤ちゃんは握力が弱いから、母親にずっと摑まっていることができません。抱いているほうも重い。

小川　三キロありますから。

山極　だから離して寝かせるんです。これも弱みを強さに変えたことなんだろうけど、そこで、子どもに対して共同で大人が音楽的なコミュニケーションをするようになった。

小川　音楽の発祥はそこにあるのかもしれませんね。子守唄は共感できる空気を生み出しますし。

山極　もともと子ども相手に歌っていた子守唄を、大人同士でも歌うことで、共同体としての結びつきを強めたんじゃないかな。

小川　合唱コンクールでも、みんな燃えて一体感が生まれますよね。普通では得られない連帯感が生まれる。

山極　それが、他の集団に対する敵意にもなりえる。現代の人間は、その一体感が進むあまり、集団の中に自分を没入させて尽くすような意識に行きついてしまいました。他者のためとは違う、集団のため。これは動物には絶対にない心の在り方です。動物の行動原理は、基本的には自分のためで、せいぜい仲のいい親やきょうだいのためです。しかし集団のためという理屈はない。

小川　集団のためというレトリックが出てくると不穏な感じがします。

山極　そこで動物を飛び越えたんだと思います。

小川　コミュニケーションの問題についてもっと伺いたいのですが、ずいぶん対話が長くなってしまいました。次回にまたお聞かせください。

（二〇一四年七月十六日）

Ⅲ　ゴリラとヒトの間で遊ぶ

京都大学の山極研究室にて（2015.3.8.）

ゴリラの同性愛を発見

小川　山極さんにお話を伺うのはこれが三回目です。今回もゴリラを中心にしながら、さまざまな方向へ話題を広げていけたらと思っています。最初にお聞きしたいのは、山極さんが博士論文のテーマになさった、ゴリラの同性愛についてです。観察していた群れに一頭だけメスがいると思っていたら、実はそれがオスだった。つまりオスばかりの集団にもかかわらず、交尾が見られたんですね。

山極　そのグループはもともとメスが複数いるふつうの群れだったんです。一九七八年に密猟者*に襲撃を受けて、リーダーを初め成熟したオスが何頭も殺されました。それでメスが他の集団に移ってしまって、三頭のオスだけ

密猟者　法律によって狩猟が禁止されている場所で、不法にその動物を狩る人々を密猟者と呼ぶ。アフリカの熱帯雨林地帯では、狩猟を生業としている人々が禁猟としている法律をよく理解できずに、保護区で猟をしてしまうことが多い。（山極註）

の集団になりました。一九八〇年にアフリカで僕がそのグループの観察を始めるまでに、そこに四頭のゴリラが外から加わるのですが、その中の一頭、パティと名づけられたゴリラはメスだと思われていたんです。

パティは最初六歳くらいに見えたのですが、この年齢のゴリラは性別がとても分かりづらい。ちなみに、さっき京都市動物園で一緒にゴリラを見ましたが、そのなかのメスのゲンキは、最初はオスだって思われていました。

小川　だから名前が「ゲンキ」なんですね。

山極　それが途中で、担当の飼育員が写真を僕に送ってきて「山極さん、これおかしい」っていうんだよね。尻に割れ目が見えるって。それで実はメスだということが判明した。でも公募した名前でいまさら変えられないから、今も「ゲンキ」のままなんです。

アフリカで僕が出会ったパティは女の子の名前ですが、アフリカで僕の師匠だったダイアン・フォッシーがつけました。研究者はみんなメスだと思っていた。

僕がそのグループを任されて半年くらい経った頃だったと思います。だいぶゴリラたちも慣れてきたある日、パティが仰向けになって日向ぼっこをしていたのを見る機会があった。ゴリラって睾丸はピンポン玉くらいしかないし、ペニスも普段は身体の中に隠れていて、さらに、マウンテンゴリラは毛がこんもりむくむくしているから、性器が見えないんですよ。ローランドゴリラならまだ毛が薄いこともあるんだけど、僕が観察していたマウンテンゴリラはよほど近くから観察しないと分からない。だからそれまで確認できませんでした。

それで、大股を広げているパティを間近でよく見てみると……なんだか変なものがある（笑）。これはオスだということになって、早速ダイアン・フォッシーに電報を打ちました。名前はどうしようかということになりましたが、これまで使っていた略号のPtはやっぱり変える

実はオスだったパティ

わけにはいかないだろうということで、パトリックという名前にしました。

小川　正式名パトリック、愛称がパティ。

山極　オスだと分からなかったのは外見のせいだけじゃなくて、僕が観察を始めてすぐのときに、パティが交尾をしたんです。それも、まさにゴリラのメスが発情したような素振りを見せて。それに呼応するように同じグループのビツミーというおとなのオスのゴリラが追い掛け回して、強引に交尾をするのを見た。だからてっきりメスだと思ってしまいました。

ゴリラはチンパンジーと違って、メスは発情しても尻(しり)が腫(は)れません。だから発情しているかどうかは行動でしか分からない。

ちょっとおかしいなと思ったのは、ゴリラには強制的な交尾はないはずなんです。メスが発情しないとオスも発情しませんから。でも、ビツミーが無理やりパティを

オスとオスの交尾

組み敷いて交尾をするように見えた。それに、野生では九〇パーセント以上が後背位といってオスが後ろからメスのお尻を抱きかかえるようにして交尾するんだけど、そのときの性交渉はパティが下で仰向けになりました。でも対面位、人間のいわゆる正常位です。でもパティがオスだなんて思っていないから、それを見て交尾をしたのだろうと考えていました。飼育下では対面位も結構あるし、論文で読んだこともあったので、「ああ、これもゴリラの交尾か」と思ってみていた。

もう一つ変だと思ったのは、ゴリラのメスは普通九歳くらいにならないと交尾をしません。でもパティは六歳くらいだと思われていた。パティは外からやってきたゴリラですから、年齢の推定を間違えたかな、という位に考えていました。

しかし、実はオスだったとなると、じゃああの交尾はなんだったんだということになる。

小川　専門家がだまされるほどの交尾だったんですね。

山極　日本に帰ってきたとき、人間以外の霊長類のホモセクシャルについての文献を洗いざらい読みました。すると、発情したメスがいるのだけど、そのメスに近づけないオスが、仕方なく他のオスを相手にするという場合に見られると書いてありました。そういう事例ばかり紹介されている。

小川　それなら分かりやすいですが、しかしそこにもメスの存在は必要です。

山極　僕が見た群れはメスがいないんですよ。そもそも、霊長類というのは人間を除いて、メスが発情徴候を示さなければオスも発情しません。例外はニホンザルで発情季があってホルモンの分泌(ぶんぴつ)が変わるから、季節によってオスがひとりで発情することもある。でも、チンパンジーもそうですがゴリラには発情季がありません。他のグループに出会ったときにメスと接触があったたかというと、それもありませんでした。僕が観察していた群れは中心となっていたオスゴリラの名前をとって「ピーナツ・グループ」と呼ばれていましたが、彼らはむしろ他のグループを避けて行動していましたから。だから視覚的にも聴覚的にも、他のメスを捉えられないんです。なのになぜ発情するのか。ちなみに、ピーナツ・グループでは他のオスも発情するようになって、オス同士のいろんな組み合わせによる性器接触交渉を見ました。全部で九十八例観察しましたよ。

小川　相当な数です。

山極　次に、さまざまな霊長類の性行動を調べてみると、面白いことがわかってきました。それは、子どもの頃に性衝動を示すということです。普通、性ホルモンが分泌されないと性衝動は生まれません。しかし、霊長類は子どもの頃から性的な遊びをするんです。考えてみれば人間も同じですね。お医者さんごっこをするでしょう。

ゴリラの幼児を調べてみると、やはり性交渉をしている。ピーナツ・グループには子どもがいませんでしたから、他のグループを観察しました。まだ精子が生産されていないから、射精はできません。でも、京都市動物園のゴリラならゲンタロウくらいの、まだ二、三歳、せいぜい五歳くらいまでの子どもたちが、同性異性問わず遊びの中で性行為をするんです。ピコピコって鳴きながら、これをコピュレーション・ヴォーカル（恋鳴き）と言いますが、腰を動かして交尾の真似事をします。

文献によれば、他の霊長類、例えばボノボやチンパンジーは、次第に子ども同士の性的な遊びがなくなっていく。そして年上の異性と性交渉を始めます。一方ゴリラは、成長しても同年代の間での性的な遊びが続く。それが、オス同士のホモセクシャル交渉という形につながるんだろうと思いました。

この背景には、ゴリラにはオス同士の優劣関係があまりないということがあると思います。互いに対等な関係なので、性的な交渉につながりやすいんじゃないか。オスとメスの性交渉だって、体格差はあってもそれを一旦解消して性的に対等な関係に入らないとできないでしょう。人間の場合はレイプなんていうのがあるけれど、基本的には対等な関係にならないと、性交渉が成立しない。チンパンジーの場合はオス同士の優劣順位が厳しいから、同性愛になりにくいのでしょう。

小川　ゴリラが優劣関係に依らずに群れを作る、というお話はこれまでも重要なポイントとして幾度となく出てきました。同性愛が成立する要因にもやはり、対等な関係が関わってくるのですね。ところでピーナツ・グループのオスたちは、その後、メスと子どもを作る経験はできたのですか。

山極　ええ、ただ、ピーナツだけは別でした。ピーナツは過去にメスとの間で子どもを残しているのですが、どこかでオス専門になってしまったみたい。ピーナッツはココという有名なメスゴリラのおそらく息子で、ココの死後にしばらくひとりになった後、別のグループから若いメスを誘い出してそのメスとの間に子どもを作りました。でも、そのメスに去られちゃうんですよ。

小川　それがショックだったのでしょうか。考えられる理由はありますか。

山極　子どもを他のオスに殺されたんですよ。子どもを殺されたメスは、守れなかったオスを捨てますから。

小川　見限られてしまったのですね。

山極　それでまたひとりになって、以来ピーナッツはメスと過ごしたことがないんですよ。あいつは変わったオスでした。

小川　そこには彼なりの物語があるのでしょうね。ゴリラも人間同様、各々の物語を抱えながら生きているのを感じます。

ピーナッツの物語

遊びと性衝動

小川　遊びながら、性的な行為を体験していくことが、後々子どもを作るために必要な条件になってくるのでしょうね。
山極　遊びの中で、相手の身体感覚や、相手とどう合わせれば楽しいかということを覚えていく。日本の動物園ではなかなかゴリラに子どもが生まれなかったのですが、それには遊びを経験していないことも大きいと思います。
小川　お話を伺っていると、遊ぶことと、性的行為は、ほとんど差がないように思えます。相手が何を求め、何を嫌がるか、互いに思いやり、共感を求める……。
山極　我々人間は言葉を使って遊んでいるけれども、彼らは身体感覚が重要なんです。性交渉に限らず、子どもを相手にするときだってそう。お互いに一緒にいることを許せるかどうか。そして、その時に楽しいことを見つけられるかどうか。これは遊びの感覚なんですね。一頭で飼育されていると、相手に合わせるといったことができない。意外と難しい身体技法だと思いますよ。

小川　人間でも、ただ愛しているから、好きな人ができたから自然に性交渉ができるというわけではなく、きっと子どもの頃から積み重ねてきた身体的な経験をもとにして、大人になっていくのでしょうね。その身体的な記憶を意識できるかどうかは別にして。

山極　相手との関係の中で自分を作っていくということですね。だから、相手から一方的に支配されているということでは成り立たない。やりとりが大切です。例えば、親にいつも強圧的にされていると、そのことが一種の快感になってしまうことがある。縛られているほうが自分にとって喜びになるということになってしまう。そうでなくて、いろんなやりとりを通じて、さまざまな関係を持つことを楽しむようになることが必要なんです。

小川　去年（二〇一四年）、文学賞の候補作で、ＳＭクラブにはまってしまう男性サラリーマンの話を読んだのですが、あれはとても高度なコミュニケーション能力を必要とする行為ですね。役割分担をはっきり決めて、その役に徹する。言葉や道具や行動によって、相手と架空の世界を作り上げてゆく。まさに「プレイ」、遊びです。

山極　遊びでは、ターンテイキングと言って、いろんな役割を交代して演じることが楽しいわけです。ただ、ゴリラやチンパンジーは役割が身体感覚から離れられないから、自分と相手しか選択肢がない。だからおままごとはできないと思います。一方、人間はストーリーに乗ってお互いに架空の人物になることができます。これも人間が言語を持ったからできるようになったと思います。相手になったり自分に戻ったりという、そういう感覚が遊びの中に入っているというのは、ゴリラやチンパンジー、そして人間の共通点ですが、人間はそこからさらに飛躍したのでしょうね。

ちなみに人間の子どもは、言葉の違う相手であってもあっという間に遊べるようになりますが、これは身体感覚で付き合っているからですよ。大人はなかなかそうできないけど。

小川　言葉が邪魔をしていると言えるのでしょうか。

山極　身体にとってはね。でも言葉があるから、フィクションのほうに人間は飛ぶことができます。「あなたはヘビね」とか言って。

小川　言葉によって体ごと幻想の世界に浸ることができる。しかもごく自然に。「この人のようになりたい」という憧(あこが)れの気持ちは人間にしかない、と山極さんは書かれていましたが、子どものゴリラが、ヘビほど突飛なものではなく、例えばお父さんみたいになりたいと思うことはないのでしょうか。

山極　お父さんという実在する存在がいて、それになったつもりでなにかをやるというのなら、ゴリラにもできると思います。

小川　お山の大将ごっこをゴリラもしますね。

山極　相手に同化して振舞うことはできる。でも、自分が将来その相手、つまり父親のようになれるかどうかは、考えないと思う。父親のようになるために日々努力するとかはね。

小川　そこは決定的に違いますね。

山極　立場を逆にしても、ゴリラが自分の子どもを見ながら、この子が将来自分のようになるだろうとは、たぶん思わない。ただ、ゴリラは子どもと遊ぶのがとても上手です。京都市動物園でも、父親のモモタロウが子どものゲンタロウと遊んでいましたが、そのとき、果たしてモモタロウは「自分も子どものころはこうだったな」と思っているのかどうか……。

小川　ただ、山極さんがタイタスというゴリラと二十六年ぶりに再会したとき、タイタスは当時の子どものころのような表情を見せて喜んでいました（第Ⅰ章参照）。

山極　そうなんですよ。あのときどう思っていたのか知りたいですね。

小川　子どものころのことを覚えているとしか思えないんですが。

山極　だけどそれが、身体的に昔に戻れるというだけなのか、頭の中で当時のことをイメージできるのかというのが分からない。遊んでいるうちに身体感覚が戻るということはあると思うんだけどね。

小川　言葉に置き換えられる記憶というより、身体の中に眠っていた感覚が勝手に戻ってくる、という状態でしょうか。

山極　人間でも、例えば鉄棒で逆上がりができるようになると、その後ずっとやっていなくてもまたできるじゃないですか。そのとき、人間なら「子どものころにやったよな」というのがイメージとして同時に浮かび上がっているわけだけれど。

小川　もしかすると、脳細胞が覚えている記憶の分量より、身体が覚えている分量のほうが多いかもしれませんね。

山極　身体というのは、一つ一つの情報を覚えているわけじゃなくて、連続した一つの、まさにストーリーとして覚えています。だから、自転車に長いこと乗っていないと、「乗れるかな」なんて思ったりするけど、ハンドルを握ったとたんに身体が動くんです。これを一つ一つの情報や動作に分解したら、ハンドルを握って、ブレーキレバーに手をかけて、足を交互に動かしてペダルを回し、視線をこう動かして……いろんなことを同時にやらなくちゃいけない。それを組み合わせようと思ったら、何百万通りになります。その中の一つを着実にやってのけるというのは、とんでもないことです。

小川　高度なことなんですね。

山極　これをロボットにやらせるのが難しい。ロボットは情報を組み合わせるだけだからね。人間は記憶を単なる情報ではなく一つの流れとして覚えていて、それが身体に備わっているから、例えばボタン一つ押すようなことで元の自分に戻れるんです。

小川　小説も、頭の中だけで作っているので、肉体的な作業ではないと思われがちですが、実は身体と強く結びついているんです。朝起きて、コンピューターのスイッチを入れるだけでは、やはり小説の世界に入っていけない。

山極　そうなんだ。

小川　ある作家とも話をしたのですが、昔の人は字を書こうと思ったら、まず墨をするところから始めました。硯（すずり）を使って手を動かして、墨が濃くなってくる匂（にお）いをかいで、それから書き始めた。こうした作業が面倒だからと、パソコンなどが発明されたけれども、そのことで実は身体的な助走が奪われてしまって、現代の私たちは非常に書きづらくなったのではないか、と思います。

山極　僕らも論文を書くときには、まず片付けものをします。

小川　前段階が必要ですね。

山極　ただね、人間というのは進化の過程で森から出て行きましたが、森の中で適応した特徴を今も多く保有しています。森にいたころに何が一番重要かというと、突然現れたものにすぐに対処するということなんです。森の中では見通しが利かず、視界が狭くなります。すると、いきなり目の前に何かが飛び出してくることもある。あるいは歩いているとどんどん景色が変わっていく。それに対してすぐに反応しなくちゃいけない。これは頭で考えていては無理なんですよ。予測できませんから。人間の祖先が森から出てずいぶん長い時間が経っているから、二次元平面の中で遠くの相手との距離を測りながらいろんなことを予測して、という世界に慣れてしまっているけれど、我々の身体感覚というのは、まだある程度は森の中にいると思うんです。今では因果関係や論理的な構造に基づいて、近未来を予測しながら準備して何かを達成していくというやり方が尊ばれるけど、とっさに何かがばんばん目の前に浮かび上がってきて、それに対応しなければならないというほうが、生き生きしているという感覚が残っていると思います。自分が考えるというより周囲から考えさせられている。

小川　小説でも、自分の中から無理やり絞り出したもので書いていると、必ず行き詰ります。でも、例えば街を歩いていてぜんぜん知らない人の会話がパッと入ってきたり、見知らぬ光景が一瞬目に入ってきたときなど、外からの情報でひらめいたもののほうが、圧倒的に広がりを持ちます。

山極　この京都大学の近くには哲学の道というのがあって、西田幾多郎や田辺元が歩いたところなんだけど、歩くって考えを浮かべるのにすごくいいですよ。自転車や車に乗っているときは、走ることに神経を集中させなきゃいけないけど、歩くのはその必要がない。だから同時に思考ができる。しかも目や耳にいろんな刺激が入ってきて、その中で考えられる。部屋の中で考えてばかりだと、しかも何もない部屋なら、もう自滅しますね。

小川　ですから作家をホテルに缶詰にするのはよくない(笑)。ベートーベンも、ハイリゲンシュタットの森を一日中歩き回っていました。明治の小説を読んでいると、しょっちゅう散歩をしています。約束などせず、徒歩で相手を訪ねていって、留守だったらまた帰ってくる。無為の時間が多いんですね。現代のわれわれから見れば非効率的な時間の中に生きている。しかしそうした無駄が人間には必要だと感じます。現代社会はそういうものを切り捨てる方向に動いていますが。

山極　自分というものは自分の意志だけで作られているわけじゃなくて、いろんな環境から影響を受けていわば作らされている。受動的なんです。

小川　人は絶対的で永遠に孤独な存在にはなれないのだ、と山極さんもお書きになっていました。さまざまなものを外界から受け入れながら、更には、現在に至るまでの由来を背負っている以上、一人ぼっちではないんですね。

信頼関係を作る方法

山極　今は自己責任や自己実現がいいことのように語られて、それに基づいて社会が作られています。自分で選んだものを周りに置きなさいという。でも、それだけだと人間は幸福になれません。この世界では自分で選んでないものが周囲にどんどん出現してくるのであって、それに対して日々なにかをしなくてはならない。その中で、自分というものに対して向かい合えるようになる。そのためにも、人間には自分自身を見つめてくれるものが必要なんです。そういう視線を意識しないといけない。ペットだっていい。ペットはいつも飼っている人間を見てくれますから。

小川　あんなに世話が大変なのに、なぜ人間はわざわざ犬や猫を飼うのか。

山極　時間は取られるし、こちらが何かをしても期待通りの反応が返ってこなかったりする。

小川　効率だけを考えれば無駄なことです。しかもこちらが世話をしなければ、相手は生きられない。植物でもそうですけど。

山極　だから面白いと思うんです。

小川　他者のために何かをするというのは、自分の貴重な時間を差し出すことです。自分にとっては無駄だと思えることをあえてやるのが、相手を尊重している証拠になる。

山極　自分を形作るという今までの話は、信頼関係を作るということにも応用できます。信頼関係っていうのは、特別な相手を作るということですよ。それは、おっしゃるようにそのために自分の時間を相手に使ってもらうということです。

小川　それはゴリラもしていることなんですか。

山極　はい。モモタロウとゲンタロウの信頼関係というのは、ああして一緒にいることで作られます。一緒にいれば、なにもしなくていいんですよ。自分をいじめたりしないということが、大きな信頼につながる。もちろん、なにか楽しいことをするというポジティブな要素を付け加えていってもいいんだけど、その根本にあるのは、共にいる時間です。

小川　モモタロウの時間とゲンタロウの時間がある一定の間、ぴったり重なっている。

山極　だから、人間以外の動物にとっては、不在、つまり自分の目の前から消えてしまうということは、死を意味します。

小川　そんなに決定的なものなんですか。

山極　ニホンザルでは、わずか一日いなくなったとしても、オスの場合なら地位を失うことにつながります。

小川　二十四時間で死んだも同然の扱いですか。

山極　僕はその瞬間を見たことがあるんだけど、学部生の頃、長野県の地獄谷温泉にある野猿公苑でニホンザルの性行動の調査をしていました。そのころから性行動に興味があった（笑）。そこにオスの三兄弟がいて、それぞれ群れの一位から三位までを占めていたのですが、ケシという二番目のオスがあるとき、メスと一緒に一日姿を消したことがあった。

小川　ランデブーに行っちゃったわけですね。

山極　翌日帰ってきたときに、ケシが威張って一位のケンに向かっていったら、ケンが少し怯(おび)えたんだね。それでこちらは、おっ、これで順位が逆転するかなと思ったんだけど、三位のトチがケンに味方して猛然とケシに対抗して、追っ払っちゃった。ケシとトチはそれまで仲がよかったのにですよ。たった一日で、関係が変わってしまった。

だから一緒にいないといけないんです。チンパンジーの場合も、よく離合集散するのでそれぞれ好き勝手にやっているイメージがありますけど、集まるとお互いに一生懸命挨拶(あいさつ)をしている。元の関係にもどそうとするわけです。

小川　人間の場合は、森からサバンナに出たあと、オスが食料を採るために群れを不在にするようになったと伺いました。その間、メスや子どもは待っている。これは、私たちにとって決定的な進化だったように感じます。

山極　最初はせいぜい半日程度、朝に出て行って、昼間には戻ってくるという感じだったと思います。それを少しずつ長くしていったのが、人間の特徴です。そしてその不在の際に関係をつなぎとめたのが、言葉でしょうね。あるいはシンボルというか。

小川　そこで約束という概念が誕生したんでしょうか。確認しあって、安心しあって別れる。

山極　あるいは、帰ってきたオスが、自分が見たことや体験したことを相手に伝えるということでしょう。そこで不在が埋められるんです。

小川　待っていた奥さんのほうも、同じ体験をしたように共感することができます。互いの不在を受容する。

山極　僕はアフリカによく行きましたが、教授になっちゃうと長期間滞在するのが難しくなったので、現地を院生や教務補佐員などに任せて日本と何度か往復するということをやるようになりました。すると、僕がいない間、現地の人たちは僕のことをよく話すんだそうです。僕の真似(まね)をしながらね。例えば、僕がいつもうちわを使っているから、誰かがうちわで扇(あお)ぐ真似をすると「あっ、ヤマギワだ」って笑いながらみんなが言う。

小川 そうやって、不在を埋めていたんですね。

山極 だから僕は、彼らの目の前から消えたわけじゃない。真似をすることで、こいつはここにいるんだって思ってくれる。おしゃべりの大部分は噂話(うわさばなし)(ロビン・ダンバー『ことばの起源』青土社)と言われていますが、それは対象の不在を埋めるためでもあるんです。悪口なんか言ったりもするけど。

小川 ああ、なぜ人間がこんなにも噂話が好きなのか、今、腑(ふ)に落ちました。その場にいない人のことをみんなで話すのは、不在を共有するためにも、どうしても必要な行為だったんですね。

山極　それが信頼関係を作る大きな方法なんですね。他方、ゴリラやチンパンジー、ニホンザルといった群れを作る動物にとっては、不在は決定的な村八分につながります。

小川　じゃあもう、単身赴任なんか考えられない（笑）。

時間が作り出すもの

小川　以前の対談でも伺いましたが、みんなで協力しないときちんと育たないぐらい、人間の子どもは未熟な状態で生まれます。それに、サバンナのような外敵の危険が多い場所にいる。だから自分の子ども、他人の子どもと区別していられない中で子育てをしなくてはいけませんでした。

山極　人間の子どもは未熟なのに乳離れが早くて、それ以後も長いこと大人から食べ物を与えられて育ちます。

二十歳になってもまだ自分で食べ物を採れないでしょう。狩猟採集民でさえそうですから。農耕民だったら、食べ物を生産し加工しますからその工程には技術が必要で、なかなか子どもの手には負えないかもしれない。狩猟採集民なら食べられるものを採ってくればいい。でもそういう生活をしている人々も、二十歳くらいまで自立しないんですね。

お子さんを育てているとき思いませんでしたか、中学生になった頃くらいに、もう自立してくれるだろうって。

小川　何歳までお弁当作ればいいんだって思いますよね(笑)。

山極　うちの子どもも、高校から寮に入って家族から離れたんだけど、それが終わって帰ってきたとき自立してくれると思ったら、元の木阿弥でね。食事を作ってくれるのを待つようになってしまった。でも親子の関係って、むしろそういうものなのかもしれません。親であり続け

小川洋子のつぶやき

子どもが巣立った今、朝六時に起きてトンカツを揚げる必要もなくなった。思う存分、好きな時に小説が書けるのだ。にもかかわらず、私を苛むこの空しさは何だ？　一番幸せだった時にそのありがたさに気づけなかった、己の愚かさよ……。しかしこれも進化の必然であるなら、心静かに受け止めるしかなかろう。

るためには、食事を与えるという非常に重要な関係をやめてはいけないのかもしれない。

小川　親にとっては、子どもにご飯を作るのはかけがえのない喜びです。

山極　聖路加国際病院の精神科医で絵本のコレクターとしても知られる大平健氏から聞いたのですが、絵本の中には絶対に殺してはいけない存在があって、それは子どもに食べ物を与えてくれる人なんだそうです。『三匹の子ぶた』でもお母さんは襲われないでしょう。それを殺してしまったら、子どもの世界は完全に破壊されてしまう。誰かが食べ物を与えてくれるという保証があるからこそ、子どもは生きていられる。食べ物を与えてくれる存在はそれほど重要なんですね。

小川　結局、家族とは何かと考えれば、毎日一緒にご飯を食べる相手ということになりますね。

山極　時間をかけてね。今の自由主義経済というのは、そういう信頼関係を失わせる方向に動いています。それは時間がコストになるからで、時間を節約するためにあらゆる近代技術は作られてきたわけです。でも、その時間が自分のものになった途端に、時間を担保にしていた信頼も失う結果になって、みんな孤独になっちゃった。だから僕は、ミヒャエル・エンデの『モモ』はすごい小説だと思います。あそこで時間泥棒というのが出てくるでしょう。エンデはもうあの当時から分かっていたわけですね。時間泥棒は言葉巧みに「自分の時間を作るために、あなたはこういうことをやったらいい」って言うけれど、それはどんどん自分の時間を失うことになる。

小川　工場で作ったようなものをコンビニで買って食べれば、二、三十分節約できるけれど、その時間が人間になにかすばらしいものを与えるどころか、むしろ逆の効果にしかなっていない。

私の子どものころの幸せな記憶の一つは、夕方、西日が差す古びた台所で、母がほうれん草をゆでたりゴマをすったりしている後ろ姿を、こちらは床に寝転がって絵本を読みながら、視界の端で見るともなく見ている、料理の匂いも漂ってくるという風景です。あれが電子レンジで「チーン」だけでご飯が出てきたら、記憶の残り方が違ったと思います。

山極　子どもにとって一番幸福なのは、自分の食欲を満たしてくれる環境が整っていて、そこで自由に振舞えるということです。

小川　あのときはまさにそうだったと思います。自分の食べるものが用意されつつあって、自分は好きな絵本を読んでいるわけですから。

山極　誰かがそういう場を作ってあげないといけないんです。いくら食べ物があっても、たとえインスタントラーメンでも、自分で買ってきて作って食べるというだけではだめで、誰かが作って与えないといけない。それが幸福につながる。だから、いま居酒屋ブームじゃないですか。あれはそういう気持ちを満たしてくれるからですよ。大人が子どものようにカウンターに並んで、おかみさんに叱られながら、酒を飲んでおいしいご飯を食べている。

小川　愚痴を聞いてくれたりね。

山極　客同士も互いに愚痴を言い合って。

小川　そこにいない人の話ですね、上司とか（笑）。

山極　上司の悪口を言うことは、自分にとって人間的な環境を回復するためで、その噂話を共有しないといられない。でも実際には、われわれはギリギリの人間関係を渡り歩いて生きているので、共有するのは難しい。でも飲み屋のママというのは、聞いたふりをしてくれるわけです。それで客は共有したような気持ちになる。

小川　例えばツイッターなどで自分の気に入らない人をコテンパンにやっつける、人の悪口を言わないではいられない衝動も、そういうことに関係しているのでしょうか。

山極　悪口というのは、人間が肉声で言う分にはぜんぜんかまわないけど、ネットでやると炎上してしまう。言葉というのはイマジネーションを広げる力があるけれど、その一方で、特に文字になると視覚的な環境を固定して化石化させてしまう。肉声なら誰が言ったのか分かるから広がる範囲に限界がありますが、文字になるとそれが際限なくなる。その過程で発する側から内容が遊離してしまって、発せられたときとは別の意味を帯びてしまいます。作家にこんなことをいうのはおこがましいですが。

小川　小説を書くのが難しい理由を、今ご説明いただいた気がします。放っておいたら固定化しようとする文字を使って、いかに自在な世界を構築するか。ここに矛盾を抱えているわけです。

山極　だから、インターネット上では議論をしないという作法があるのは、それを避けるためでしょう。例えば、「あいつを殺してやる」といくら怒鳴っても、これまではみんな相手にしなかった。本気で殺すと思ってないから。怒鳴るだけで済んでいた。でもそれを文字にすると意思表明としてとても大きなものになって、証拠としても残る。一方で、いまブログやツイッターでは、声を出すように文字を書くわけでしょ。声がそのまま文字になっていくというか。

小川　そう考えると、ツイッターという命名は絶妙ですね。さえずり、つぶやきを書き言葉にして固定する。

山極　本来つぶやくだけで済んでいたのが、ものすごく大きなインパクトを持ってしまうんです。

小川　書き言葉の出現が人間にとって大きな段階だったということでしょうか。

山極　しかも、書き言葉は時間を超える。同時性を超えるから、いつそれが発せられたかが確定できなくなるんですよね。通常、われわれの言葉には同時性があります。こうして小川さんが何かを話したら、僕が答える。そのプロセスが目に見えるんですが、書き言葉にはそれがない。

小川　会話というのは、熱帯雨林の限られた視界の中で、なにがやってくるのか分からない状況で用いるのと共通する能力を使っています。相手の口から何が飛び出してくるか、それを反射的に受け止めて、返していく。

山極　だから結構間違ったことを言っているわけです。でも、それは修正可能なのであって、「こいつ本気でそんなこと言ってるのかな」ということでも、相手の表情などの視覚的な情報も伴うから、たいていは落ち着いて受け止められる。でも文字の場合は化石化しているから修正が利かない。その言葉にどこまで悪意がこもっているかを受ける側が想像して、それが増幅されていくんです。

すね。

小川　不思議と、悪意を過小に想像することは少ないですね。

山極　映像でもそうだけど、むしろ悪意をもって検証されるわけです。「このときこんな意図があったに違いない」みたいに。今後、例えば顔の表情の分析を、意味論に従って細かくやっていくと、とんでもないことが言われるかもしれません。この人は演説でこんなことを言っているけど、この顔はそう言っていないとか。

本来われわれは、とても曖昧(あいまい)な世界に生きているんです。僕がゴリラと会話できるのは、曖昧なものを曖昧なまま納得する心を持っているからです。そこに正確さを追い求めすぎると、やってられなくなる。いまこうして会話をしていることだって、言葉というのは一過性のものだから、曖昧な部分があってもまあある程度は仕方ないと思っているわけです。むしろ曖昧さがあるから、受け入れられるということもあるんですよ。でも、例えば今日のこの会話は録音されていて、それが文章になったら「俺はそういうつもりで言ったんじゃない」って言いたくなる。

かつては会話というのは、曖昧さを許しながら共存していきましょうというのが前提でした。しかし今は、会話を前提として共存を図るということになっている。ロボットとの会話なんかもそうです。そうなると、先ほど言った、共にいる時間が信頼関係を作るという曖昧模糊とした話も消えてしまうんですよ。信頼には互いの利益を図る必要があって、自分がどれだけ儲かるか、相手にとってどれだけ価値があるかということが計測できなければならない。それが前提になって共存しましょうという、本末転倒なことになるんですね。

小川　それは息苦しいですね。

山極　でもそうなりつつありますよ。

小川　曖昧さを許さない正確な主張をされると、たとえそれが真実だとしても、なぜか傷ついてしまうことがあります。会話、言葉の本来の役割は、正確さではなく、曖昧さ、もっと言えば嘘を共有して「まあ、まあ」とうなずき合うことにあると思います。ゴリラが負けない構えを持っているのと似ているのかもしれません。こうして対談をするのはとっても楽しいですが、それを文字に起こしたものをゲラで直すって、憂鬱(ゆううつ)じゃないですか(笑)。あの楽しかった時間はどこに行ってしまったんだろうという気持ちになりながら、いつもゲラを見ます。

父親の役割

小川　ゴリラのリーダーの条件は、何でしょうか。単に身体(からだ)が大きいだけでは、駄目ですね。

山極　じゃあ心が大事なのかということになりますが、

小川洋子のつぶやき
ここで思い浮かぶのが『レ・ミゼラブル』である。必要に迫られパンを盗み、身分を偽りながら、血のつながらない娘を育てるバルジャン。その罪を決して許さず、自らが信じる正義に固執したジャベール。結局、行き詰まって自殺に追い込まれたのはジャベールの方だった。

心というのも姿と振る舞いでしか表現しようがありませんから。姿でしたら、背中の美しい白銀の毛、これがいかに光っているかが重要でしょうし、他にも頭がドーンとヘルメット状に突出して、前腕の毛がふさふさしている。そしてその姿でいかに悠々と歩けるか、ですね。

小川　モモタロウもそうですが、実物のゴリラを目にすると、そうした身体の特徴が内面を表しているのを実感できます。一番感じるのは、ゴリラは慌てないということです。人間がいかに小さいことでじたばたしているか、思い知らされます。

山極　ゴリラは表裏がないんです。一方人間は表裏ができちゃう。これは宿命でね。先ほども言いましたが、ゴリラは一元的な集団で暮らしています。だからゴリラのオスはゴリラのオスというだけでいい。そのパーソナリティを崩す必要がない。でも人間は、あらゆるところで変えないといけない。

小川　会社と家庭では見せる顔が違う。さまざまな局面で求められる役割が変化するのですから、当然そうなりますね。多元的な自分を分裂させずに、一人の人間として保っている。こんな複雑な宿命を背負わされていれば、じたばたしたり、慌てたりするのも、仕方ないのかもしれません。この間、ある方に山極先生ってどんな方ですかと尋ねられたんです。それで「ゴリラのボスみたいな方ですよ」と答えたところ、「つまりカリスマ性があるということ？」と言われました。

山極　カリスマ性というのは、何かを率先して提案し、それを進めていくことができる能力みたいなことを言うのかな。だとすると、ゴリラのオスはもっと泥臭い。許容力といったらいいのかな。

小川　たしかにカリスマ性というと、その人だけが突出しているという印象になりますね。

山極　ゴリラのオスにとって大事なのは、子どもに対する魅力だと思います。メスに対するよりもね、だから泥臭い。子どもというのは全的な信頼を要求しますから、それを与えられるかどうか。

小川　優れたオスは、優れたお父さんとイコールなんですね。

山極　お母さんの場合は、絶大な力を持っているわけではないから、お父さんに頼ることもある。でもそれでは子どもにとって全的ではなくなる。一〇〇パーセント信頼できるのは、やっぱりお父さんになるわけです。そしてそれにはいつもそばにいることが必要になる。

小川　不在だと用を成さない。

山極　子どもはいつも父親に背後にいてほしがります。だから、ゴリラの群れに接触するとき、まず子どもが近づいてきますが、まだこちらに慣れていない群れの場合は、必ずすぐ後ろにシルバーバック（リーダーのオスゴリラ）が控えているんです。子どもはそっちを振り返りながら近づいてくる。

小川　ちゃんと見てくれているかな、と確認する感じですか。

山極　あるいは、これ以上近づいたら怒られるかな、ということかも。判断をシルバーバックにゆだねているんだね。

　実の父親でなくてもいいんだけど、父親的な存在が子どもの絶対的な信頼を獲得しなければいけないと思います。それがないと、子どもにとってトラウマになります。世界への信頼感はまず親によって作られるんだから。

小川　あとからだと取り返しがつかない。大人になってから「実は大丈夫なんだ、世界はこうやって守られているんだから」といくら言っても……。

山極　間に合わないと思います。僕自身もその点では、本当に子どもにそう接してきたのか、分かりませんが……。

小川　お子さんが小さい頃は、一緒にアフリカで暮らしていたこともありますよね。

山極　でもアフリカにいるときも、僕は森に行っていたから。

小川　不在だったわけですか（笑）。

山極　地元の人たちが埋めていてくれたと思いますけどね。

小川　研究者として家族で赴任していても、孤立しているのではなく、村の共同体に受け入れられていたんですね。

山極　もちろん。地元の若い娘にベビーシッターになってもらったりもして、本当にかわいがってもらいました。そういう記憶は今でも強く残っていると思います。

小川　親の愛だけでなく、共同体の愛も必要ですよね。

山極　アフリカの人たちって、子どもはみんなのものという意識が強いから、分け隔てなく接してくれます。悪いことをしたら誰の子でも叱るし、いいことをすれば褒める。それは非常によかったですね。だから、うちの子どもたちはぜんぜん人見知りをしない。長距離の列車に乗っていると、すぐ近くの席のおじさんやおばさんと仲良くなって、ミカンをもらったりしてます。息子なんか、酒がまったく飲めないのに、酒の席でも話が弾んでいますから。

小川　それは現代の日本社会で最も必要とされている能力じゃないですか。他人との付き合い方に必要以上に悩んで、引きこもってしまう人が多いわけですから。特に男性のほうがデリケートなうえに、社会から要求される立場に縛られる面もあって、生き辛そうに感じます。

例えば新橋の飲み屋などで仕事帰りのサラリーマンが三、四人でお酒を飲みながら上司の悪口を言っているときって、本当に幸せそうな顔をしています。女の人の入る余地がない。そういうのを見ると、同性愛は自然な感情なんだと思います。かしこまったレストランで男女が一対一でいるときは、男性はむしろ窮屈そうなんですけど。

山極　男だけのほうがいがみ合わなくて済みますし。でもそうなると、すぐに上下関係ができてしまう。一方、家族は繁殖において対等が原則で、それは女の論理です。好き嫌いが先に立つし、繁殖に関してはみんなメスは各々独立している。人間も含めて、ヒト科の類人猿は全部メスが親元を離れて繁殖します。それは繁殖における対等ということをとても意識したからじゃないでしょうか。だから見ず知らずの集団に入って自分の子どもを作る。サルの大半は自分の生まれた群れに残って血縁のメスたちに囲まれて子どもを産み、育てます。だから、家系の違うメスどうしの優劣関係によって自分も影響を受けます。でも類人猿のメスは親元を離れることによって、自分で仲間を選んで関係を作ることができるんです。

小川　そのためにはコミュニケーション能力が高くないといけないですね。だから女性のほうが、人見知りしないでその場になじむ技を、進化の過程で身につけていったのかもしれません。

山極　男と女とでは組織を構成する原理が違って、家族を女が作ったとすれば、家族以外の、階層に基づいたさまざまな集団というのは、男が作ったのでしょう。

小川　いまの若い女性は、その二つを両立させたいと思っています。子育てもするけど、社会に出て働きたいという。

山極　女性がだんだん社会においてドミナント（主流）になってきたから、両立できるようになってきましたね。僕が期待しているのは、女性が持っている対等原理で、上下関係がドミナントな社会を作り直せるんじゃないかということです。従来の会社のような上下関係だけの組織だと、女性の進出する余地がない。だけどネット社会なら中心がなく、階層もできませんから、女性が活躍できると思います。

小川　普通の会社だと、会議一つするにしても、コピーをとる人、お茶を運ぶ人、司会をする人、上座にすわる人と、どうしても階層ができてしまうんですよね。

山極　会社組織というのはすごいところで、同僚と一円でも給料の差がついたら、もうやってられないという競争社会です。でも女性はそんなことにこだわらず、やっぱり実を取るんじゃないかな。男にはできない発想ですよ。男は周囲が決めた位置づけで自分の価値を計るということを徹底していますから。守るべきものがヴァーチャルなんです。でも、女性にとって守るべきものは、自分と子どもの命なので、それが保証されていればどんな場所でもいい。本当はそれが一番リーズナブルな生命観だと思います。

小川　一円の給料の違いなんかより、子どもが元気で保育所に行ってくれているほうが、ずっと幸せってことですね。

山極　ただし、女性が実権を握ると、上下関係を主とした組織は作りづらいので、混乱する恐れもある。男は階層性のある組織に唯々諾々として入れますが、女性はそれを嫌いますから。すると、みんなが勝ち組になろうとしてかなりいじめのきつい社会になるかもしれない。

小川　一見、階層社会のほうがいじめが蔓延しやすいように思いますが、そうではないんですね。逆に、例えば学校のクラスでみんなが平等だという前提のあるほうが、危険が大きい。

山極　弱いものを作って、それをスケープゴートにしてまとまりを維持しようとするでしょ。階層性というルールがあれば、みんなあきらめちゃう。

小川　女だけの集団はいろいろ陰湿だという通説はありますね。

山極　霊長類には、オスよりメスのほうが強い社会があって、マダガスカルに棲んでいるワオキツネザルというのがそうです。それを研究している人から聞いたのですが、あるシンポジウムで「人間社会で女性がこれから男性よりも優位になれば平和になる」って言っていた人がいたそうで。それに対してその人が「山極さん、とんでもないです。大変なことになります」って。ワオキツネザルでは、群れからいったん外れたメスは生きていけないくらい厳しいそうです。村八分になるとどんどんいじめられる。

それって、本音と建前が同居できない社会なんです。男はよく腹芸をしますね。本当は嫌いだけど仲良くしているふりをする。そういう二重性を許容できます。でも、それは一方で家族があるからなんですが。

小川　家に帰れば平等な立場だからですか。

山極　会社では男の上下関係の論理だけど、家庭では女の論理が通る。この二つが並立しているからなんとかやっていけるわけです。しかし、会社まで家族と同じ論理になると、えこひいきの社会になってきついでしょうね。

愛という不思議な心

小川　家族についてさらに伺います。家族を作るのは人間だけだと書かれていましたが、ゴリラの群れは家族とはいえないのですか。

山極　類人猿の群れは単層社会なのです。例えばチンパンジーは家族がなくて群れだけを作っています。ゴリラは家族のような小さな群れを作っているけど、あくまで単体なんですよ。家族どうしが一緒になれません。それに対して、人間の場合は複数の家族で地域集団を作っていますね。しかも、家族を一時的に離れて男も女もいろんな集団を作る。その間でいろんな関係が生まれる。これは他の動物にはないんです。家族がない集団か、家族的な集団だけど単体本位か、そのどちらかです。人間はその両方の性質を持っています。

家族とそれ以外の集団では、編成原理が違うんです。家族というのは、その中の誰かのために尽くすのが当たり前でしょう。親は子どものため、子どもは親のためにね。

小川　見返りを求めないということですね。

山極　でも他の集団というのは、目的に沿った関係を維持しなくちゃいけないから、その見返りを求めるわけですよ。だから家族の仲間に対する姿勢と、外の他の仲間に対する姿勢を分けなければいけない。それが動物にはできません。

小川　矛盾していますからね。

山極　人間にはそれが可能なんです。なぜでしょう。

小川　やはり、知能の発達がないとできないということですか。

山極　違いますね。

小川　じゃあ、言葉かな。

山極　愛です。

小川　そんな抽象的なものでなんですか。

山極　親子愛も夫婦愛も、傍から見たら「あいつら、なんで自分の利益を無視して付き合ってるの」って思うでしょう。でも愛だから、その一言で片付けられる。

小川　となると、愛という概念が初めて誕生したときには、ものすごく奇妙なものだったのでしょうね。

山極　ちなみに人間には奇妙な現象があって、セックスをしたら愛が芽生えると思っている。動物にはありえません。でも人間はなぜかそう信じています。どこかで反転しちゃったんですね。愛とセックスのどちらが先かという話なんだけど、愛があるからセックスをする、これは普通の考え方です。でも、セックスをすれば愛し合えるというのは、どこか変ですよね。セックスを前提として考えているんだけど、動物たちはセックスをしても愛し合うわけではない。生物学的にはセックスのほうが必然的なんですよ。

小川　お見合い結婚もその考え方ですね。好きでもない人と結婚して、夫婦生活を営むわけですから。

山極　親が子どもに、あるいは血縁がなくても養育者が子どもに向けた行動が、大人たちの間にも普及して機能するようになることは、人間の中だけでたくさん起こってきました。だけどそれは生物の世界では非常に特殊なことなんです。例えば食物をめぐって、親が子どもに食べ物を与えるというのはいろんな種がやっています。その中から大人同士でも分配を行うようになり、さらに、血縁関係にない他人同士でも食べ物を分け与える種が出現した。これが人間です。こういった行動で人間だけに備わっていることは他にもいろいろあると思うんだけど、その大きな一つが愛だろうと僕は考えています。

小川　私も子育ての中で自覚したのですが、自分の子どもを愛する気持ちは、社会全体の子どもや未来の子どもといった、血のつながりもない抽象的な幼き者への愛につながってゆくんです。

山極　それはやはり、人間の家族が複数集まって共同体を作って、その中で子育てをしてきたという歴史が、そういう気持ちを抱かせてきたのでしょう。自分の子どもだけでなく、子ども全体を自分たちの子どもだと考える。子どもを育てる者同士、共通な気持ちを抱いて協力し合おうと思う。子どもたちが大人になることを手助けしたい。この感情はチンパンジーやゴリラにはないかもしれない。

そして愛は、先ほども言いましたが、自分の時間を相手に与えることによって作られる。愛している相手に時間を費やすことを厭(いと)わない。それが自分を捧(ささ)げるということでもあるんです。

小川　見返りは求めず、自ら望んで、進んで、与えるんですね。

山極　それができるのは、やっぱり人間しかいないわけです。他の動物の場合は、たとえ血縁者であっても、お乳を吸わなくなったらすぐに他人になります。だから親子の間でもえこひいきがあまりない。むしろ助け合うときには、お互いの利益になるからという理由がいるんです。そうでなければ、自分を犠牲にしてまで相手に尽くそうとしませんから。親だって子どもを捨てますし。

小川　子殺しさえありますよね。

山極　だから人間の愛というのは、動物から見たら変なものですよ。そして、宗教も科学も、愛という実体について答えを出せないでいます。

小川　その愛が幻だったということも多いですね。永久的なものではない。

山極　愛と恋の違いって何だと思いますか。

小川　恋は一時的なものということでしょうか。

山極　例えば「無償の愛」って言いますが、愛は恋より根深いものです。恋のために人は殺さないけど、愛のためには殺したりします。一方恋は、「恋の病」って言うでしょう。だから病みたいなものですよ。

小川　いつかは治癒する。

山極　ちなみに、動物に恋があるとは言いませんね。だから恋はとても人間的で、浅はかなものだと思います。

殺しの闇（やみ）とは何か

山極　よく軽蔑（けいべつ）的な意味で「動物のように」と言いますけど、それは誤解です。動物は理由なく攻撃的にはなりませんし、親子の区別なく交尾することもない。動物のほうがよほど節度を持っています。説明できないような大きな感情のうねりや、理不尽な行為を「動物的な」と言いますね。それは人間だからこそするんです。だから、当の動物にとっては失礼な話ですよ。

小川　人間は「殺してみたかった」という理由だけで人を殺すこともできますが、動物はそこに快楽は覚えないんでしょうね。

山極　ただね、前回の対談でも出ましたが、例えばゴリラやチンパンジーの子殺しは、なぜ起こるのか。チンパンジーは殺した子どもを食べるんですが、殺すという行為がいつ食欲に変わるのでしょうか。頭から食べてしまうんです。しかも他のチンパンジーも途中から集まってきて、その肉をねだる。あれは理解できません。

小川　病気で死んだ子は食べないんですよね。なぜか、殺した子だけを……。

山極　大人を殺した場合でも、食べません。なぜそういう感情の切り替わりが子どもに対してだけ起こるのか、とても不思議です。ゴリラの子殺しにしても、それまでずっと普通に付き合っているのに、あるとき突然殺します。

小川　首を絞めるのですか。

山極　首か鼠径部（そけいぶ）を嚙（か）むんです。オスの牙（きば）はとても大きく鋭いですし、嚙んだ後に引っ張りますから、一瞬のうちに絶命します。

小川　前回伺ったのは、子を殺すことで母親だったメスを早く発情させて、自分の子どもを産ませるためということでしたが。

山極　ただ、それも後付けの理屈です。本当のところ、子殺しをするゴリラが何を考えているかは分からない。自分の子を産ませるためと推測する理由は二つあって、ひとつは、殺すオスがその子の母親とそれまで交尾をしていないこと。これはつまり、自分の子ではないから殺すということかもしれない。もう一つは、殺した子どもの母親が群れに入ってきた時期を考えると、自分の子どもじゃないと考えることができるんです。

小川　ゴリラにはその計算ができるんですか。

山極　証拠もあります。ある期間以上経って生まれた子どもは殺さなくなりますから。算数ができるわけではないでしょうが、体験として埋め込まれているのだと思います。

小川　勘のようなものが働くのですね。

山極　とはいえ、本当に自分の子どもではないから殺しているのか。実際はそうなんですが、ゴリラの中でそれを区別してるのかどうかは分からない。

小川　それに、自分のではない子どもをみんな殺すわけでもない。

山極　はい。

小川　なにか別の条件があるのですね。人間が中絶するようなものでしょうか。食料が不足して口減らしをしなくてはならない場合、自分の子どもではないほうが、まだ気が楽だというような……。

山極 でも、ゴリラは森林にいるから、食料は十分あります。一日の必要エネルギーが二〇〇〇キロカロリーくらいなのに対し、普段はその四倍くらい摂取していますから。

小川 あるいは、人間には分からないけれど、何か伝染病にかかっていて、早く殺さないと群れが全滅してしまう……でも、だとすれば、なぜ自分の子どもを殺さないのか、説明できませんね。ただ感情だけの問題で、カッとなった結果なのでしょうか。ストレスの発散みたいな。

山極 でも、それはどんな感情なのかな。

小川 ストレスがたまって、もっとも弱いものにあたるというような……。そういう男は、人間でもいますね。子どもが殺されるのを、他のメスや子どもはどう思っているのですか。

山極　抵抗しますよ。メスたちが協力して、子どもを取り戻そうとします。

小川　やはり、メスにとっては起きてほしくない事態なのですね。

山極　しかし、その抵抗もむなしく、例外なく殺されます。それだけ、オスの意志が固いということです。メスにいくら抵抗されてもやめません。

小川　やはり、ゴリラに直接聞いてみたいです。

山極　ドリトル先生のようになってね。

小川　低俗な理由で殺しているようには思えません。やむにやまれぬ理由があるとしか。

山極　でも逆に、やむにやまれぬ理由がいろいろあるとしたら、そのほうが低俗かもしれません。あれこれ考えた挙句、損得勘定で殺したということになるんだから。本当に理由もなく衝動的に殺した、瞬間的に殺意が生じたということなら、意図は感じられません。言い換えれば、進化史的に決まっていることであって、そのほうがあっさりしている。もうどうしようもないのだから。

小川 ゴリラとはそういうものだ、ということですね。でも山極さんの本音としては、何か理由があってほしいのではないですか。

山極 理由があるとすれば、それを探りたいとは思います。僕たち生物学者は、知性の中で出てきたようなものではなくて、彼らの無意識の中に、進化史的にこういう理由が潜んでいるということを探り当てたいと考えています。理不尽に見えるような現象にも、ちゃんと意味があるんだということを見つけたい。

人間の行為だって、例えば殺人事件が起きたとして、いろいろ考えた末だった場合と、何も考えずにやった場合があったとしても、どちらも殺人としては同じですよね。考えがあってもなくても、生物としての人間の資質がその引き金を引いただけなのかもしれない。だとすれば、それは何なのかということです。それを知りたい。

小川　人間の場合は、計画殺人のほうが罪が重い。ついカッとなってその辺にあった花瓶で殴ってしまったほうが、罪は軽くなります。

山極　ゴリラの場合は、子殺しの前兆のようなものはありません。殺したあとには興奮状態になりますが。ただ、この場合の前兆とは違いますが、群れの中にオスがいなくなると、子殺しのリスクが高くなります。例えば密猟にあったり病気でオスが死んだりした場合、子持ちのメスが残されて、それがオスのひとりゴリラに狙（ねら）われるわけです。

ちなみに、子殺しを何度もするオスというのもいます。人間なら殺人の常習犯ということになりますが、そのオスが手のひらを返すように立派なリーダーになることもある。

小川　それはまた切ないですね。

山極　でも、立派なオスになったとしても、その後にまた子殺しをすることもあります。何が引き金になっているか分からない。

小川　その現場を目撃する山極さんは、辛くないですか。それまでずっと付き合ってきたオスがそういうことをするのですから。

山極　そうなんですがね。でも、自然界の中では、生と死はとてもあっさり切り替えられるものなんですよ。人間のように生にあまりこだわらない。

死を特別なものとしてしまったことが、人間の世界観を変えましたね。だからこそ、未来という考えができた。未来というのは自分が死ぬまで、あるいは死後のことでしょう。そういう死を基本としたものの考え方は、人間にしかできません。

小川　自爆テロは、死んだ後にある素晴らしい世界を思い描けなければ、成立しませんものね。

山極　イスラム国（ＩＳ）がやっていることも、残虐（ざんぎゃく）だと言われているけれど、日本でも江戸時代までは敵の首を切っていましたよね。だから別の世界の出来事ではない。それに違和感を覚えるのは、それだけ日本人が遠くに来たということなのかもしれません。どちらが当たり前なのかは言いたくありませんが、でもならば首を切るほうが普通なのかというと、それもある時代のきわめて特殊な出来事だったかもしれない。ゴリラやチンパンジーはもちろんそんなことはしませんし、人間だって、おそらく数千年前まではしていなかったでしょう。首を切られた化石遺骨が出てこないですから。人間の進化の過程でいえば、きわめて短い時間の出来事です。

小川　サッカーは、敵の首を蹴飛（けと）ばしていたのが始まりだと聞きました。ちなみにゴリラの子殺しは、生息地域によって限定された現象なのですか。

山極　大きな森林が残っていない地域に棲むマウンテン

ゴリラの間で頻繁に観察されています。他の地域では非常に稀(まれ)ですね。それが自然環境のせいなのか、社会環境が影響を及ぼしているのかはわかりません。僕は、自然環境の激変が社会環境を変えて、子殺しを誘発しているんじゃないかと思っています。

僕は二つの地域で子殺しに遭遇しています。ひとつはルワンダのマウンテンゴリラで、もう一つはコンゴのヒガシローランドゴリラです。ルワンダでは政府の政策で保護区の四〇パーセントが農地に転換されて、狭い地域にゴリラの群れがひしめき合い、群れ同士がぶつかり合うようになった。コンゴでも内戦でゴリラが半分に減り、安全な狭い地域に集中するようになったので、群れ同士が頻繁に出会うようになりました。そのためオス同士のメスを巡る競合が激しくなり、子殺しが起こったのではないだろうか。しかもメスを奪って自分の群れを作りたがっている若いオスが相対的に増えたことも、その傾向を助長しているように思います。

小川　だとすれば、やはり人間が原因を作っています。

山極　そうだと思います。もともと潜在的に子殺しの性質を持っていたけれど、人間が影響を及ぼす前はそれが抑えられていたのでしょう。

小川　発揮する必要がなかったのでしょうね。

山極　人間もそうですが、生物学的におかしいと思われることや、残虐な行為というのは、普通は抑えられています。でもある条件が与えられると、噴出する可能性がある。いまの世界で起こっていることにも、人為的な影響によって生じていることがあるように見えるんだけど、どうですか。

小川　戦争地域でレイプが起こったりするのもそうですね。平時ならば絶対そんなことをしないような人が、戦争で異常な心理状態になってしまう。

山極　アフリカでもそうでした。民族浄化とかね。昔の戦争では、子どもは殺さなかった。でも今は子どもも殺します。しかも胎児を腹から引きずり出すことまでして。その一方で、敵の女性をさらってきて味方の子どもを産ませる。それは表裏一体なんです。子どもを殺すのは、敵の将来の戦士を減らすため。一方、敵の女性であっても子どもを産ませれば、それは味方の戦士になる。

小川　敵の女と性交渉なんかしたくないということにはならないのですか。

山極　それが人間の持っている深い業だね。人間はもう種分化できなくなった生物です。例えば日本の敗戦後に、女たちが鬼畜米英の男とは死んでも子どもは作らないと思っていたら、あんなにたくさんの敵国人との子どもは生まれなかった。敵でも受け入れてしまうんです。

小川　差別しておきながら、子どもは作る。

山極　アメリカでも、奴隷を牛馬のように酷使した一方で、白人との間でたくさん子どもが生まれたでしょう。

だからああいう社会になった。それは種分化できないということでもある。種が分かれるためには、生殖の面で分離されていないといけない。人間ははるか昔からそれができなくなっている。たぶん二十万年前からね。それは現代人が生まれてからということですが、それ以後人類には新しい種が誕生していません。その余地がないんです。それ以前は、二十種類以上の人類が生まれましたが、互いに接触せずに交雑しなかったから、それぞれの種の独立が保たれた。でも今の人間は、別の種という意識を性的には持たないんです。子どもを作っちゃう。

小川　昔の日本の華族のおうちでも、ご主人様が女中さんに手を付けて子どもを産ませるということ、ありましたね。

山極　だから階層差もできません。大奥に代表されるように、若い女に目をつけて、階層にこだわらず抱え込んで継嗣を産ませる。インドだって、異なるカーストの間での結婚は禁じられているけど、婚外子がたくさんいますから。だから文化的な階層はあったとしても、生物学的には意味がない。
ちなみに、ゴリラとチンパンジーがそれぞれ独立した種として生きながらえているのは、交雑しなかったからです。
小川　偶然交わっちゃったということもないですか。
山極　ありませんね。ゴリラのオスは、チンパンジーのメスがいくら性器を腫(は)れさせていても、魅力的だと思わない。発情しません。
小川　近親相姦(そうかん)よりもっと厳しい規制がかかっている。
山極　人間はそれが取り払われちゃってるんです。獣姦なんていうのもあるんだから。
小川　そんなに節操がない生き物だったのですね、人間って。
山極　僕は、ホモセクシャルについてと同様、そっちも研究したんです。人間の持っている性的多様性というのは、異性装や獣姦やトランスセクシャルなどいろいろあるけれど、なぜそうなっているのか。もちろん言語によって生殖以外のヴァーチャルな性的世界というものを想像できるようになったからなんだけど、人間の身体の条件もその道を用意したというのが僕の考えです。ゴリラのように、同性同士による性的な交渉を遊びとして比較的容易に行えるというのが一つ。もう一つは、発情しているかどうか分からないということです。それは見方を変えると、発情とは無関係に興奮できるということでもある。少なくとも男はそうなっている。他の動物からすれば、きわめて非効率で不自然です。しかも、同性間では子孫が残せませんから、生物学的には意味がない。獣姦もね。

小川　やっぱり、遊びではないでしょうか。

山極　ちなみに女性だってそうですよ。ヨハン・ハインリヒ・フュースリーの絵に、馬の傍らに寝ている少女がいますが、あれは馬に犯されている夢を見ている。貴族の女性の趣味として犬にクンニリングスを仕込んだり、性具が盛んだった時代もある。レズビアンも、男性の同性愛者の半分くらいの率だけれども存在します。

小川　ライオンとヒョウをかけあわせたレオポンというのがありますね、人間によって作られた。自分たちでは飽き足らず、動物を使ってもやってしまう。しかし当のライオンとヒョウにしたら、とんでもなく迷惑でかわいそうな話です。

山極　ペットを作るような、いろんな変わった種を作りたいという願望ですね。

小川　不妊治療では、どの受精卵を戻すか、染色体を調べて異常がある受精卵は捨てるということも人間はできます。

山極　ペットや家畜に関しては、ブリーダーが昔からいて、いろんなことをやってきました。自分では子どもを産めない種まで作ってきたでしょう。犬なんてもともと一種だったのが、いまやチンからセントバーナードまでいますから。みんな人間の仕業です。

小川　知りたくないことも知ってしまったような気がします。人間は変な生き物だというのが今日の結論でしょうか（笑）。

（二〇一五年三月八日）

Ⅳ　屋久島の原生林へ

推定樹齢三千年、生命力にあふれた屋久島の紀元杉の前で
（2016.3.30.）

ゴリラとヒトが分かち合う物語とは何か。
東京、京都で対話を続けてきた作家と霊長類学者が、
屋久島の森で、島の自然や人類の歴史を語り合った。
若き日の山極寿一が分け入った豊かな森へ。
ガジュマルの樹、照葉樹林をわたる風、沢を流れる
水音。
野生のシカやサルに出会いながら、
森の時間が始まる——。

［一日目］

山極　やあ、いらっしゃい。
小川　ついに屋久島に来ました。プロペラ機で着陸した
時、なぜか日本でも外国でもない場所に降り立ったよう
な気がしました。

山極　僕にとって、第二の故郷のような島なんです。昔は、サルが二万、シカが二万、ヒトも二万と言われていました。今はサルは三千くらいですか、ずいぶん減ってしまいました。

小川　一か月三十五日が雨。しかもうどんのような雨が降る、と仰っていたのが忘れられません。

山極　島の天気は変わりやすいですけど、きょうは晴れましたね（笑）。まずは僕が車を運転して島の西部にある原生林に行きます。ちょうど昼時ですから、森の中で握り飯でも食べましょう。野生のサルやシカもそこにいますから。

小川　今年（二〇一六年）は申年ですが、私にとって、この一年で最大の冒険になりそうです。帽子からトレッキング・シューズまで、森を歩けるようにしっかり揃えてきました。

山極　それはすごい！　僕の靴はアフリカで買った靴な

んです。通気性はいいんですが、水も虫も通し放題（笑）。

アコウの木

小川　枝を伸ばした面白い形の木がありますね。ガジュマルですか？

山極　アコウの木ですね。ガジュマルと似ていますが、同じイチジク属の木です。じつはイチジクの実（花嚢（かのう））の中に授粉できるのはイチジクコバチという蜂（はち）だけなんですよ。種子植物と昆虫の関係はほんとうに不思議だなと思います。あそこに生えているのはヒサカキかな。サルの大好物です。

小川　やはりサルを研究するには、植物をよく知っておかなければならないんですね。

山極　アフリカでも屋久島でも、酒を飲みながら植物学者や地元の人から聞いた話にずいぶん助けられてきました。屋久島は亜熱帯植物と照葉樹が多くて葉が落ちることがなく、冬でも実が生りますからサルにとって食物が豊富なんですよ。

小川　海の近くが亜熱帯植物で、奥に聳える高い山に屋久杉などの針葉樹。性質の違う植物が境界線なく一続きにつながっている感じです。標高の高い所にもサルがいるんですね。

山極　山が急に高くなり、植生が標高に沿ってどんどん変わっていくのが屋久島の特徴です。標高によってサルの食物も違ってきます。

小川　たしかに海と山が近くて、川の水も怖いくらいに透き通っています。

山極　奥に聳える宮之浦岳は九州最高峰で一九三六メートルあるし、一六〇〇メートルを超える山が十一峰もある。

小川 峰の密度が常識はずれですね。

山極 われわれは海から、つまり海抜ゼロメートルから登るわけですが、相当な距離と標高差です。屋久島は「海上アルプス」とも呼ばれますからね。

小川 山極さんの『サルと歩いた屋久島』（山と溪谷社）というご著書に若い頃の研究者時代のことが書いてありました。屋久島にはじめていらしたのは一九七〇年代の半ばごろだったと……。

山極 テント生活の後、一軒家を借りて調査しました。ずいぶん地元の方に食べ物や焼酎（しょうちゅう）をごちそうになりました。その後、募金を集めて小屋を作り、そこに住んでニホンザル（ヤクザル）を研究していました。八三年にアフリカのゴリラ調査から帰国してからも、またこの島に繰り返し戻ってきて、研究を続けました。永田浜はウミガメの産卵地としても有名ですよ。

小川 『サルと歩いた屋久島』の中で、とても印象的な一行があるんです。「私たちはとても貧乏だった」と。

山極　いやあ、ホントに貧乏だったからねぇ（笑）。お米がなくなって、魚を釣るのが一日の最優先課題の時もありました。釣り上げた魚を持っていった家で焼酎を飲んで酔っ払って……酔いつぶれて朝まで畑で寝ちゃったりね。

小川　海で死にかけたこともあったとか。

山極　台風の時に貝を採ろうと海岸の岩場に降りたら、大きな波にさらわれてしまったんです。必死で岩にしがみついて九死に一生を得ました。家族と川でキャンプをしていて、テントがすっかり流されたこともあります。こうして生きているのは、本当にありがたいことです。

小川　屋久島の森と海は、霊長類学者としての山極さんの源となる、「特別な場所」なんですね。

小川洋子のつぶやき
道の構造上、落ちやすい畑があったらしく、そこは地元の人から、〝山極の畑〟と呼ばれていたそうです。

森に分け入る

山極　さあ、着きました。森の中に入りましょう。
小川　梢から陽が差してきました。
山極　ここは西部林道の半山という場所で、すぐ上には「半山断崖」という絶壁が聳えていて、沢沿いに下ると海に出ます。九三年から世界自然遺産になっている照葉樹林です。鳥の声が聞こえますね。森に入る前に、まず地元の焼酎「三岳」*を撒きましょう。
小川　島の神様に無事を祈るわけですね。
山極　斜面を下っていますが、そんなに歩きにくくないでしょう？　サル道、シカ道というのがあって、自然にできた道は歩きやすいんです。
小川　地面に落ちている小枝を踏みしめる音が心地いいです。実に多くの種類の木や草が生えていますね。
山極　自生するガジュマルの樹は気根が枝から下りてき

三岳　屋久島で最も標高の高い宮之浦岳、永田岳、黒味岳の三山を指す。屋久島の頂上付近は年間一万ミリを超える雨量があり、新鮮な水が豊富に下ってくる。縄文杉をはじめとする老木たちに濾過されたその名水とサツマイモを原料にして作ったのが三岳と呼ばれる焼酎である。屋久島を初めて訪れたときから愛飲している焼酎で、お湯割りにすると独特の甘い香りが心地よい。（山極註）

て、岩にも根を張ります。ぶら下がっているのは根です。他の木に巻きつくので、「絞め殺しの木」とも言われます。おや、この辺りは、けものの臭(にお)いがしますね。木の根元にシカの糞(ふん)もある。

小川 いま何か「ピィーッ」と鳴き声がしました。サルでしょうか。

山極 シカの声です。ほら、ヤクシカの親子があそこに!

小川 じっと見てますね。私たちを警戒しているのでしょうか?

山極 シカはサルより目が利(き)かないので、たぶん見えていないですね。臭いは嗅(か)いでいるはずです。ヤクシカは、本土のシカより体が小さい屋久島とその隣の口永良部島(くちのえらぶじま)だけに生息する固有亜種で、国立公園や世界遺産に指定されてから保護区内は禁猟になり、あまり人を怖がらないようになりました。それもあってシカは増えています。

小川　あっ、今、いっせいに群れが逃げました。飛び跳ねる真っ白のお尻(しり)が可愛(かわい)いですね。

山極　いっせいに茂みに消えましたね。この辺りには昔の炭焼き小屋跡もありますが、沢の方へもう少し下りましょう。苔(こけ)の生えた石は動かないですが、滑りやすいから注意してください。さあ、渡りますよ。河原に降りて昼めしにしましょう。

小川　ああああっ（石に足を滑らせ、両足のくるぶしまで川の中にどぼんと落ちる小川さん……）。

山極　おおおっ、大丈夫ですか。

小川　この川の水の感触は、すごく新鮮です。苔で滑って、絶対届くと思った尖(とが)った三角の石に裏切られて（笑）……。でも落ちた瞬間、水道水とは違うと分かりました。

山極　怪我(けが)がなくて良かった。さっきのお神酒(みき)のおかげかな。さて、さっき買ったトビウオのつけ揚げ（さつま

小川洋子のつぶやき
森の中には所々、こうした小屋の跡や崩れた石垣など、人間の手によって作られたものが残っているのだが、それはもう一目見て、人工物だと分かる。植物の種類は分からない私でも、直感的に区別できる。人の手は、自然の中で明らかに異質な空気を醸(かも)し出している。

揚げ）を食べませんか。もちもちして独特の歯ごたえと味があって旨いんです。そういえば、屋久島の川や沢はどこも流れが速過ぎて、一部の大きな川を除くと川魚が棲めないんですよ。

小川 それは意外です。大きなイワナが泳いでいてもおかしくない雰囲気ですが。いよいよ晴れてきました。濡れた靴もすぐ乾きそうです。

山極 昼ごはんを食べたら、ここから少し登ります。小川さんに見せたい大きなガジュマルがあるので、その木の前でサルを待ちましょうか。

ガジュマルの樹の下で

山極 さて、着きました。小川さんをここにご案内したかったんですよ。半山の仏の間という場所です。この石に腰かけて話しましょうか。

小川　大きなガジュマルの樹ですね。落ち着きます。沢で足を滑らせたりしながらここまで歩いてきましたが、でもまだ屋久島のサルは姿を見せてくれません。
山極　そうですね。また歩いているうちに出てくるかもしれない。
小川　屋久島のサルは、本土に比べると群れも小さくて、動いている範囲も狭いそうですね。
山極　そうなんです。一〇〇ヘクタール、つまり一平方キロメートルぐらいの範囲を、ずっと一年中歩いているっていう感じなんです。例えば、青森の下北半島に行っちゃうと、もう三〇平方キロぐらいになります。やっぱり食物による違いで、三十倍ぐらい違う。
小川　狭い範囲に食べるものがたくさんあるから、そんなに動かなくてもいい。
山極　そうそう。いろんな種類が豊富にあるので、そんなに歩かなくて済む。一日に歩く距離もだいたい一キロぐらいですかね。ということは、遊動域の端から端まで、一日で行っちゃうわけです。

小川　たまたまこの屋久島で生きていくことになったサルは独自にこの島に適応したやり方で生きているんですね。

山極　昔、屋久島のサルを捕まえて、愛知県犬山の日本モンキーセンターに放したことがあるんです。僕の師匠の河合雅雄先生が研究員だった時代です。でも、屋久島のサルは、犬山の野生の植物を知らなかったから、どんどん死んでしまった。

小川　食べちゃいけない草を食べてしまったとか……。

山極　いや、食べられなかった。何が食物かわからなかったんです。野生の動物は自分が生まれ育ったところで、その成長過程でお母さんとか年上の子たちの食べるものを見ながら覚えていく。学習しないと食べられないんです。

小川　かわいそうなことをしましたね。

山極　でも人間が餌づけした一部は、その子孫たちがずっと今でもモンキーセンターで生き延びています。

小川　かつて山極さんが屋久島へ入ったとき、初めて餌づけされていないニホンザルをごらんになったんですか。

山極　志賀高原の奥で、野生のサルを見たことはあったんですけど、これだけ高密度にサルがいて、なおかつこれほど狭い遊動域で暮らしている野生のサルに出会ったのは初めてでした。島のどこへ行っても野生のサルだらけで。餌づけのサルっていうのは、毛並みもちょっと悪くなるし、肥満になってしまいますが、ここでは違いました。

小川　餌づけされたサルは、メタボになっちゃうんですね（笑）。

山極　そういうことです。餌場周辺で寝て、時間になったらまた餌場に来て食べるっていうことを繰り返していて、木から木へ飛び移ったりというようなことがほとんどない。

小川　運動しないで済んじゃうんですね。

山極　屋久島のサルは毎日、毎日、食べることが暮らしです。食物は与えられるわけじゃないから、自分で探し出さなくてはいけない。そして、それを仲間と一緒にどうやって食べるかというのが、一日の一番大きな課題になります。

しかも肉食動物と違って、今言ったようにサルは毎日食べなくちゃいけない。人間が毎日、毎日食事をしなくちゃならないのは、サルの体を受け継いで持っているからなんです。たしかに、調理したものを食べ始めて、消化も早く効率がよくなりましたが、人間はちょっと前まで、つまり農耕、牧畜が始まるまでは、数百万年間、あまりサルと変わらない生活をしてきたんです。いつ、どこで、なにを、どのようにして、誰と食べるかという五つの疑問を、毎日、課題として引き受けて、それを解決しなければならなかった。それが人間の身体を作ってきたので、身体感覚はまだ残っているんですよね。

小川　だから、私たちも毎日食べるんですね。

山極　こういうところに来て、サルやシカを見ると、それがよくわかります。一か所に食べ物がたくさんあるわけじゃないから、食べながら動いていく。しかも、ほかのやつに先に食われたらなくなってしまう。どうやって仲良く食べるかも大きな課題になります。群れを作っている動物は、誰とどうやって食べるかということも日々解決していくわけです。

小川　これが食べられるか、食べられないかという問題だけじゃない。自分がこれを取って食べたらリーダーの気分を損ねないかとか、これを誰の隣で食べるかとか、社会性も問題になってくるということでしょうか。

山極　そうです。だから食べるということは、社会性を発揮する場なんですね。例えば、ある木に美味しい実があるとします。自分の体が小さければ、枝に登れるかもしれないけど、たぶん大きなやつは無理だろうなと考えて登っていくわけですよね。で、ふと見たら、ほかの枝から、ほかの個体がそれを取りに行っていると。すると、それはあきらめて、じゃあ別のところを探そうかということになるわけです。そうした三次元の世界の中で、どこにおいしいものが潜んでいて、それをどのように食べたらトラブルを起こさずに済むかということを、瞬時に考えながら行動するのがサルなんですね。

小川　野生のサルが瞬時、瞬時に考える、その、考えている時間をまったく与えないのが、餌づけなのですね。餌づけでも、やっぱりボスザルが一番に取ったり、弱いものはおこぼれしかもらえなかったりはするみたいですけれど。

山極　餌づけの一番悪いところは、大量の餌を一か所にまとめて、しかも地上に置くことです。地上に置くと体の大きなサルが得なのですが、枝が茂っているような森だと体の小さいものが有利です。大きいと枝から枝へ飛び移ることがなかなかできないし、しかも一本の木に登るのに時間がかかる。その上、体の小さなやつしか、細い枝に登れない。こういう三次元の世界だと体による優劣の違いは、あまり効いてこない。大きなオスが偉そうに餌場をぶんどって、誰にも分けずに一人でのうのうと食べる姿を見ていると、サルがすごく階層社会のように見えてしまいますが、森の中で、しかもさまざまな種類の食物があるようなところだと、階層性、優劣がなくなります。それが本当はサルの自然な暮らしなんですね。

小川　むしろ小さいサルのほうが、木の上の甘い実を食べられる可能性が高くなる。

山極　そう、ちょっと離れれば襲われることもない。ただ、やっぱり群れと一緒にはいたい。あんまり離れたくないんです。

小川　なるほど、離れてしまって迷子になっちゃっても困るし、本当に複雑なことを考えながら食べているわけですね。

山極　一日の大半を食べることに費やしている彼らにとって、食べることこそが社会性を発揮するときなのです。そういう食べ方を経験しないと野生で生きられない。動物園生まれのサルを「はい、じゃあ森に放してあげるよ」となっても森では生きられないんですね。まったく同じとは言わないけど、人間もそういう特徴を持っているから、「食べ方」というのは非常に重要だと思います。幼少期をずっと個食で過ごしてしまうと、人と楽しんで食べるっていうことができなくなる。

小川　さっき、私たちも沢のほとりで、一緒にトビウオのつけ揚げを食べましたが、たしかにそのあとこうしてお話すると、親密な感じが出ます（笑）。

山極　そうなんですよ。サルにとって食べ物っていうのは喧嘩(けんか)の源泉なんだけど、それをあえて一緒に食べるとなれば、それはすごく気持ちを通じ合わせるっていうことになるし、信頼関係を醸成することになるんですね。

小川　これほど信頼関係を築くのにうってつけの道具立てはないですね。ある意味、自分のものを分け与えるっていうことにもなる。

山極　しかも、味覚ほど共有しがたいものはないんですよ。僕らは味覚を言葉で表現して、やっと納得しますよね。例えばさっきのトビウオのつけ揚げ。「なんかこれ、普通のさつま揚げと違いますね。ちょっとムチムチしています」と言うと、「お、そうだよね」と気持ちが通じ合うんだけど、言葉がなかったら表現しようがない。

小川　その相手が、どういう気持ちで食べているのかを確認しあえないということですね？

山極　そう、われわれは情報を食べているわけです。情報がないと、人はおいしさというものを共有できない。
例えば、目で見るものの場合、人間は眼球に白目があるので、どこを見ているか視線を特定できます。「あれ」と言って目で指し示せば見えているものを共有できます。

小川　たしかに、そうですね。食べ物の場合はそうはいかないんですね。

山極　ここに来る途中、小川さんが森の中で「なんかちょっと変な臭いがしますね」と言いましたよね。

小川　ええ、山極さんがけものの臭いがするなって、おっしゃいました。

山極　でも「けものの臭いがする」と言わなくとも、「おい」と声をかけて臭いを嗅いでみるだけで共有できるわけですよね。

小川　なるほど、できますね。

山極　でも味はね、なかなかできない。例えば、甘さを表現する顔の表情ってありますか？「おいしいよね」

っていったときの顔のほころび方や「辛いね」っていったときの顔のしかめ方はあるかもしれないけど、それが辛いのか、酸っぱいのかまではわからない。しかもその辛さでも、どのぐらいの段階があるのか。

小川　辛さの度合いもあるし、なかなかその感覚は共有できませんね。

山極　ですから、味が多彩になったのは、われわれが言葉というものを情報として交換できるようになったからではないかと僕は思っているんです。

小川　でもサルたちは群れで一緒に食べることによって、ある共感は得ているんでしょうか。満腹しているという共感とか。

山極　食べるということは、そこに同調が生まれます。誰かが食べ出すと、みんなが食べ出す。ただ深いところで同調するには、言葉を使わないとできないでしょうね。

小川　誰かが食べていると、おなかが空くということはありますね（笑）。

山極　アフリカに「オーファネージ」*という動物孤児院があるのですが、サルでもチンパンジーでもゴリラでも、いったん人間の手で飼った動物を野生に戻すのはものすごく大変で、ほとんど成功していないんです。なぜかというと、食べることというのは、子どものころ母親の食べるものから覚えるからなんです。野生のサルが食べるものを、人間が自分で食べてみて、子ザルにそれを見せて覚えさせれば、少しは野生の生活になじむかもしれないですがそれはできません。

衣食住の「衣」を考える

山極　今回、小川さんにちょっと聞いてみようと思ったことがあるんです。「衣食住」って言うでしょ。暮らしの三要素ですよね。食と住は、動物にも人にも必要で共

*オーファネージ　孤児（オーファン）を収容する施設。アフリカには親のチンパンジーやゴリラが狩猟された結果、保護された孤児の施設が各地にある。ゴリラの最初のオーファネージは一九八九年コンゴ人民共和国の首都ブラザビルに作られ、イギリスのハウレッツ動物園の協力のもとに孤児たちの野生復帰が試みられた。その後、ガボン共和国、コンゴ民主共和国、ウガンダ共和国にも作られているが、放されたゴリラたちはなかなか野生で自立できないようである。（山極註）

有しているものですが、「衣」は身にまとうもので、個人の好みなんです。動物と人で共有する部分がありません。だからこそ、「衣」は、自己主張につながるわけです。

小川　その通りですね。食は自己主張になかなかつながらない……。

山極　人は情報を交換しあいながら、社会関係として食を作る。食を楽しむことはあるけれども、衣の方は自分で選んで着る。だからおそらく、人間が人間的になったというのは、衣をまといはじめたころじゃないかと僕は思うんですね。

小川　同調するだけじゃなくて、そこから一歩前進し、自己主張して、個を表現した。衣によって、ほかの動物が誰もやっていないことをやり始めたんですね。

山極　うん、だって動物は毛皮を脱ぐわけにはいかないから（笑）。

小川　むしろ、野生動物でアルビノ（先天的なメラニンの欠乏で体毛や皮膚が白い個体）で生まれたりすると、長生きできないんでしょうか。目立つということが、命取りになりかねないから。

山極　そうですね。一方で、オスはメスに対して目立たないといけないから、ライオンはたてがみが、ゴリラだったらシルバーバックで背中が白いとかあるんだけど、これも脱ぐわけにはいかない。いったん付けちゃうと、もうそれをずっと背負っていかなくちゃいけないんです。でも人間は、例えば、裃（かみしも）を脱ぐという表現があります。そういう服装で権威を表現するけれども、それを脱げばまた全然違う場と人物になれる。

小川　使い分けができるということですね。ですから今日、屋久島に来るのも、私にとって、実は服装は重要な問題だったんです。

山極　ああ〜、なるほど（笑）。

小川　この旅のメンバーの中で、私だけがなにかとんちんかんな格好をするわけにはいかないと。やっぱり同調したいという気持ちがすごくありました。

山極　でもどうですか。実際に、トレッキングできるような服装とシューズで森を歩いてみて、森に同化しましたか。

小川　きょうは大阪伊丹（いたみ）空港から飛行機で屋久島に来ましたが、東京に行くときはちょうど同じくらいの時刻の羽田行きに乗るんです。いつもと反対方向で自然豊かな場所に向かうのは、楽しくて心安らぐことのはずなのに、登山の格好をして飛行機に乗るとき、とっても怖かったんですね。

山極　都会に行くより緊張してたんですね。

小川　はい。自分にとって、都会より自然の方が未知の世界なんです。これは、自分は相当毒されているなと思いました。でも、今は森の中にいて、とてもいい気分です。少しずつ野生動物だった頃の記憶が蘇ってくるからでしょうか。獣道を歩いたり、ヤクシカに出会ったり、三角形の石に足を滑らせて沢に落ちてしまったり、新鮮な体験でした。そう言えば、濡れた足も、もう乾いてきました。

山極　いやあ、そうでしたか。僕はけっこう森の中を一人で歩くことが多いんですが、森の中は静寂のように思われるけど、そうじゃないですよね。風が吹いて、枝がみしみしいって、鳥やサルやシカや虫が鳴いている。耳を澄ますとどこかで音がしています。この森にいて目を閉じると、自然の音が混じり合って気持ちがいい。逆に言えば、都会は音が少ないというか、人工的で音の種類が少ないんじゃないかと思います。ここにいると、風に乗っていろんな音が混じり合っても、雑音として響かないんです。でも人工的な音は、耳障りな雑音になってしまう。今もいろんな音がしていますが、目を閉じてじっとしていると、すごく静かですよね。

小川　森の静けさというのは、音がない状態ではないんですね。

山極　小川さんは緊張していたと言ってたけど、さっき森の中で野生のシカに出会ったとき、ほっとしませんでしたか。

小川　たしかにちょっとほっとしました。ピィーッと鳴いて、いっせいに駆け出したシカたちは美しかったですねえ。

山極　こういうところを人間が歩いたら、木の根っこや石に蹴躓（けつまず）きながら、よろよろとしか歩けないんだけど、シカならススススッと、まるで風のように走ってゆく。その姿を見ると、やっぱりこいつら、ここで生きてきたんだなっていう感じがしますよね。

小川　それこそ音も無くというか、宙を飛ぶようにヒュッと駆けていきました。しかも誰かの合図があるかのように、みんな同じ方向に、同じタイミングで。

山極　動物はね、進化してきたその場所で見るのが一番美しいんです。屋久島の森というのは一つの楽器のような、あるいは動物や植物や昆虫が音を出しているオーケストラのようなものです。少し前までは、人間もその一員だったから、その調和の中にいると「あ、ここ、心地いいな」と思えるんですね。小川さんがこの森を一人で歩けば、もっとそのことを実感できると思いますよ。森をもっと近く感じるはずです。

森の中の道

小川　そう言えば、このガジュマルの樹がある場所に、目印もないのに山極さんは全然迷わずにすたすたと来られましたね。

山極　いえ、ちょっと迷ったんだけど（笑）。このへんだったかなと。

小川　ガジュマルの根っこに見とれて、私にはどこもかしこも同じようにしか見えないんですけど、この、根が絡み合って、地面を覆っているっていうのはすごいですね。

山極　実はここ岩盤で、土壌が浅いのです。だから根っこが深く入らない。根が岩を抱かないと、安定しないのです。

小川　平面にのびるしかないんですかね。

山極　落ち葉が積もっても、雨が多いし、どんどん流されてしまいます。今、シカが増えて、草を食べてしまうので土壌流出によって根っこが浮き始めているとも言われています。初めて訪れた四十年前とはずいぶんいろいろ変わりましたね。林道沿いは緑が多くなって、深くなりましたけど。

小川　ダイナマイトで岩を切り崩して道を作ったとか。

山極　昔はつづら折りになっていて、本当に人が一人通れるだけの道が切ってあるだけだったんです。車が通る必要がなかったわけだから。

小川　舗装もされていなくて、人がただ歩くための道ですね。

山極　今でもね、道のように見えるところがあるんだけど、それはね、シカ道だったり、サル道だったりするんです。

小川　シカがつける道ですか。

山極　そう。シカが通る道はだいたい決まっているんです。そういう道が森の中にきれいについてます。アフリカだとゾウ道っていうのがあります。

小川　それはわかりやすそう（笑）。

山極　これは本当に人も通りやすくできてますよ。だからその道を僕らも使うわけだけど、ゴリラも使う。

小川　安全そうですね、ゾウが通るっていうことは。

山極　でも不思議なことに、ほら、こういう森の中に入ると、まっすぐ歩けなかったでしょ。どこにもまっすぐな道がないんです。これは、ヨーロッパの人にはわからない。ヨーロッパの森林っていうのは、平地で、しかも木がまばらに生えていますから道をまっすぐ作れる。でも屋久島のような所では道はまっすぐ作れないんです。ジャングルでもそうなんだけどね。
面白いことに、アフリカの狩猟採集民の人たちは、自分たちが通る道を知っていて、そこを通ると時間は早い。だけど実際に万歩計とかGPSを使って地図上で道筋をたどってみると、すごくうねうねしているのです。距離は長いはずなんです。僕らが植生調査をするときには、地図上で道をまっすぐ切って、その周りの植物を調べていくから、その通りにまっすぐ行ってみると、ものすごい時間がかかる。
小川　不思議ですね。

山極　すごい大木が生えていたり、川にぶつかったり、大きな岩があったり……。

小川　もたもたしている間に、時間を食ってしまうのですね。

山極　そうそう。それよりもうねうねしてるけど、歩きやすい道を通る方が、実は距離は長いんだけども、圧倒的に近い。

小川　近いだけでなく、体力も使わなくて済みそうですね。

山極　よくよく考えてみたら、僕だって、つい最近まで地図なんて持っていかなかった。

小川　ましてグーグルマップなどもなかったわけです。

山極　飛行機も飛んでいなかったわけだから、上から見たこともない。そうすると、森の道というのは、実際の距離感覚ではなくて、歩いた感覚なのです。歩きやすさという感覚で、「あ、これが近いな」と実感してつけた道がいい道なんですね。サルもまったくそのように動くんです。彼らはまっすぐ歩いたりしませんから。サルの歩いた道をたどっていくと、「あれ、もうここに着いたの？」みたいなことが起きます。

不思議ですよね。だから世界って、実はヴァーチャルにできている。僕らが「近いな」と思った感覚が、実際には物理的にグーグルマップで見ると遠かったり。疲れやすさとか、風景の違いなんかも影響しているはずです。ずっと単調なところを歩いていると、疲れますよね。

小川　いろいろ見所があったりして、楽しんで歩いていると、あっという間だったという経験はよくあります。効率っていったい何かということになりますね。効率よく道路を作ることによって、いったい何を節約して、何を失ったのでしょう。

山極　車に乗るようになって、僕らの世界は一変しました。車の道というのは、まっすぐつけます。でも人の歩く道って、まっすぐで平らじゃなくてもいいんです。上がったり下がったりしている方が、かえって疲れない。ちょっと曲がっていたり、景色がちょっと変わった方がいい。昔の山道は峠の坂道というのがあったりして、ちょっと歩いて、また少し休みながらいけるようになっていたと思うんです。人の体力に合わせて作られていました。

小川　自動車という道具が出現する前は、人間本位に道ができていたんですね。

山極　歩くことは大事です。小川さんもやっておられるかもしれないけど、物事をよく考えられるんですよ。妄想も含めて、いろんな考えが頭に浮かぶんです。

小川　ましてこんな森を歩けば、なおのこと、深い思考ができそうです。

山極　気を付けなければいけないこともあるし、無心というわけにはいきませんが、いろんなことを頭で考えています。やっぱり森の中で思考するというのはすごく楽しいことなんです。

小川　なにか現実的な悩み事があったとき、そればかり考えていると、行き詰って解決しないけれども、こういう森の中を「あっ、ここを渡るとき、浅瀬にはまらないようにしなきゃ」とか、「この石は苔が生えているから動かないな」と、あれこれ考えながら歩いていると、いつの間にか悩み事は解消されていたということがある。

山極　これは人によってもしかしたら違うかもしれないけど、謙虚になれるんです。「ああいうふうにすればよかったのにな、ちょっと意固地になっちゃったな」とか、「今度会ったら謝ろうかな」なんていうことを殊勝に考えたりするわけです(笑)。

小川　その悩み事に、違う方向から光を照らせるようになるんでしょうか。

山極　ただ不思議なことに、森から出ちゃうと、その謙虚さが失われてしまう。都会に戻ってその当人に会うと、「森の中で、なんであんな謙虚になったんだろう」とか思ったりね。面白い。

小川 森の中では、決して同じことが繰り返されない。

山極 そうです。森は動いているんです。このガジュマルだって、ずっとここにいるけれども、ちょっとずつ、ちょっとずつ姿を変えていく。あのひげ根が降りてきて、今度ここに来るときはひげ根がしっかりとした幹になっているかもしれない。「あれ、ここにあったはずなのに」って思うような木が朽ちてなくなっていたりする。

小川 同じことが一つもないという体験は、自然の中でしかできないですよね。

山極 動物だって成長します。だから一頭一頭のサルに名前をつけて、個体識別をしています。子どもを産んで、年寄りになって死んでいくという過程を見ています。森も生きていますから、どんどん変わっていく。観察する自分自身も変わっていきますけど、人間はすごくヴァーチャルなものに慣れてしまっているから、変わっていく自分や変わっていく世界になかなか気がつかないんですよね。

小川　むしろ変わらない方がいい、変わらないでいてほしい。そうした錯覚の中で生きている時間の方が長いんでしょうね、きっと。冷静に考えれば、日々細胞は死んでいるんですから。

人は自分の死に向かって、一日ずつ近づいているんですけど、それをないことにして、昨日と同じ電車に乗って、同じ会社に行くことで、あたかも不変の時間の中にいるかのように、自分自身に思い込ませているのかもしれません。

山極　なるほど、そうです。しかも、未来はこうなっていてほしいとか、未来を予測したがります。

小川　「未来はこうあるべき」だとか言って、そうならなかったときにショックを受けたり、誰かのせいにしてしまったりする。

山極　ここにいると謙虚になれるのは、きっと「一期一会」だからなんです。明日はどうなっているかわからない、自分もどうなっているかわからない。動物たちはそう思っているし、だから僕も向こう側に行けるわけですよね。

　でも人間ばっかりのところにいると、予測を張りめぐらせた中にいるわけじゃないですか。例えば橋という物体がある。落ちないように手すりが付いているわけですね。でもここでは、手すりなんか何も付いていない。いちいち自分で確かめて……。さっき小川さんは、石に足を滑らせて落ちたけども。

小川　（笑）。

山極　そういうことは起こるわけです。予測がつかないから、その場その場で判断していかなくちゃいけない。

でも橋は、起こるべきことを人間が予想して作ったものですから、そこにいる自分は予測されています。

小川　森の中にいると、予測できないことが起こったときに、それを誰かのせいにしないで、自然とはそういうものなんだと、ある種あきらめるような余裕を持たざるをえません。

山極　そう。しかも人間が作ったものは何もないから。

小川　そうですよね。川に足がはまったからといって、その石に怒るわけにもいかず……。誰のせいにもできない。自分のせいであり、自然のせいであると（笑）。人のせいにして人を責めるというのは、やっぱりくたびれることです。

山極　人間関係もそうなんですよね。例えばさっき、衣食住の話をしましたが、家というのは本来、公共空間なんです。でも、壁があって、外からは見られないようになっている。人間は視覚優位の動物ですから、見ることがほんとのことで、見ないことは本当のことじゃないんです。聞いただけではだめで、見て確かめないと納得できない。だから壁をはりめぐらせて、そこは見なかったことにできるようなことを行える場所になった。
実はセックスを隠したというのは、人間生活にとってものすごく重要なことなんです。あれをチンパンジーとかゴリラのように人前でやっていたら、今のような高密度に人間が暮らすことはできなかったでしょう。家という隠れられるパーソナルな空間を作ったから、落ち着いていられるのです。

小川　ですから、それぞれの家庭の中で何が行われているかということは、本当はわからないんですよね。

山極　今はますますわからなくなっちゃってます。

小川　昔は日本の家はもっと壁も薄かったと思うんです。障子一枚隔てた向こうに両親が寝ているとか、何かしら気配はあるような。

山極　紙と木で作った家に住んでいたわけですから、音は遮断できない。

薄々わかるっていうのがいいんですよ。「わかるんだけど、わからないことにしておこう」「本当はわかられているんだけど、わかっていないことにしましょう」という二重性で生きられたのです。親子喧嘩をしたとか、夫婦喧嘩をしてるという近所の出来事だってすぐわかる。でも、そういう環境が今はどんどん失われています。

小川　丸わかりだったんですね。

山極　ご近所のことはその噂を通じてみんなわかっていたけど、見えないから、一応、秘密になっている。でも今、家は暖房、冷房で密閉されています。昔は平屋が多く、目の届く範囲にいたわけだけども、マンションだと上下に部屋が連なるので、もう見えないんです。そういうことが、人間関係を変えちゃったかなと思うんです。

小川　噂というのは耳で聞いた情報だから、耳の段階にとどめられておけば、なかったことにできる。人間というのは、見てしまったらもう、なかったことにはできないと。

山極　そうなんですよ。「見たな！」っていうのは、あれ、まさにそういうことなんだ。

小川　もうそこで大きな壁を一枚越えたっていうことですよね。

山極　「鶴の恩返し」なんかそうでしょ。

小川　機織りの音だけだったらまだごまかせたんだけど。

山極　見てわかっちゃったわけですよね。

小川　そうです。見て、「わかったな」というところで、物語は大きく展開します。

山極　そういう意味では人間ってやっぱり、森の生き物だと思いますね。特に日本人はね。さっきみたいに山を歩いていると、突然シカが出てくる時があります。でも、シカが来ることは予め予測できない。鳥も飛んできて、枝にふと止まる。森の中というのは、予測ができない世界にいることなんです。予測が外れてしまったら危険が生じるけど、間違いを犯さずに切り抜けなければなりません。でも正解はない。

小川　その曖昧(あいまい)さを受容できるのが、日本人の特徴ということなのですね。

山極　あるがままに受け入れながら、なるべく当たり障りのないように切り抜けてきた。

小川　あうんの呼吸で、「まあ、まあ」で済ませられた……。

山極　あらゆることにうなずきながら、でもとっさに大間違いはしでかさない。台風や地震への対処にしても、正解はないんです。正解に向かって生きるというのは、すごく堅苦しいことでもあるし、備えるための訓練が必要になります。むしろいい加減でいいから、間違えないようにするというのが日本人の生き方ですが、そもそもそれが人間の生き方かもしれない。

小川　論理的に正しいかどうかに、あまりこだわらない。

山極　そう。感性で切り抜ける。作家を前にして申し訳ないけど、言葉ができてしまって、論理が優先し始めたと思うんです。本来なら間違いでないものを、間違っていたというふうに定義づけられてしまう時があります。「あのやり方は、もっといいやり方があったのに」というようなことで。

あるときから、文化は積み上げるものになって、つねに何か新しいものを積み上げて改善していくわけです。改善か、改悪か知らないですけど。つまり、停滞が許されなくなった。

例えば人類の進化をたどってみると、ずーっと同じものを使い続けた時代があります。オルドワン石器というのは、ただ岩を打ち砕いただけの石器なんだけど、それが約数十万年続くんですよ。そのあと、ハンドアックス*

小川洋子のつぶやき

いえ、申し訳なく思っていただく必要はないのです。言葉の獲得によって人間は、自らを滅ぼすかもしれない道を歩みはじめた。その危険の代償として、他の動物には享受できない、かけがえのない文学の喜びを得たのです。それだけの覚悟で小説は書かれなければいけません。

という涙型の左右対称の石器ができるんだけど、これもずーっと続くんです。百万年以上続くんですよ。ネアンデルタール人時代ぐらいまで続く。形が変わらない。でも、現代になって、あるときから急に物事の変わり方が、つまり作ったものの変化が激しくなるんですね。

小川　電化製品もすぐ旧式になりますから。

山極　どんどん速度が速まっている。はじめは物をつくる行為は人間の持っている機能を高めたり、適切な環境を作るために使われたと思うんです。ところが今、あまりにも変化が激しいから、作られたものによって、人間も人間関係も変えられてしまっている。

小川　人間が作ったものによって、人間自身が変化させられていると。

山極　いつのころからか、急になっちゃったということですね。

小川　ネアンデルタール人まで同じような石器をみな使

ハンドアックス　人類が初めて作った石器は二百六十万年前に現れたオルドワン石器で、自然石の一部を打ち砕いたものだったが、百八十万年前に登場したホモ・エレクトスはハンドアックス（握斧（あくふ））という、石を全面加工して左右対称形の涙型にする技法を開発した。これは三十万年前にヨーロッパに登場するネアンデルタール人まで受け継がれ、しだいに精巧に、美的な感覚を伴って製作されるようになった。（山極註）

っていたころののんびりさ加減からすると、現代人の流行のサイクルのあわただしさは、狂気じみているとさえ感じます。

山極　こういう森の中に来ると、マニュアルがない世界なのでいちいち起こった出来事に、「なに、どうすんの？」みたいなことを、次々自分で判断しなくちゃいけない。

小川　「正解」といって拍手して誰かが褒めてくれるわけでもありません（笑）。

山極　とにかく生き延びることが正解ということですよね。選択肢はいっぱいあるなかで、不正解でなければいい。でも人工物の中に生きていると、やっぱりきちんとした正解を求めたいわけです。不正解でなければいいっていう曖昧さは許されなくなってくる。

小川　コンピューターのように二進法、プラスとマイナスだけでできている世界ですね。

山極　勝ち負けだと、勝たないといけない。「勝つための方法は？」という話になります。金儲けもする方がいい。「じゃあ、金儲けをするための正解はなに？」となる。そこに効率化という話が生まれます。

小川　そこで直線の道路がどんどん生み出されるんですね。そう言えば、小説もまさに正解がない世界なんです。

山極　いや、たしかにそうだ。

小川　本を読む体験と自然を歩くというのは似ているのかもしれないですね。

山極　小説を読む時、次に何が起こるかわからなくて。人生は予定調和じゃなくて、不思議なことが起きてしまう。

小川　自分と全然違う価値観を持った登場人物に、感情移入してしまうこともあります。

私が小説を書くときは……

山極　小川さんに聞いてみたかったことがあります。「言葉の森」って言いますよね。小川さんが小説を書くとき、予めストーリーができているんでしょうか。書き続けるうちに、森を歩いているように新たなストーリーというか、新たな筋道がわき上がってくるようになるのかな、と。

小川　さっきの森の話とまったく一緒かもしれません。小説を書くときは、私の場合はまっすぐな一本道を歩けないのです。一本道を歩けたら、どんなに楽かと思うんですけれど、この岩を登って向こう側を見ないことには、次の風景はわからないという感じで書いていきます。森の中のように。

山極　岩を登ってその先をフッと見たら、また違う風景がある……。

小川　ええ。全然違う予想外の世界が開けていて、「あ、こうなっていたのか」と思う、その驚きが大きい方が面白い小説になります。自分が計画し、あの大きな木を右に曲がろう、そうするとこうなっている、計画ではこうなっているはずだと思って、予想通りに見えてきた世界とは、全然魅力が違うんですよね。

だから小説を書いていると、先が見えないところを歩いているという不安が常にあります。もう、終わらないんじゃないかという不安（笑）。

山極　ゴールがない？

小川　作家が勝手に、「まあ、このへんでゴールにしておくか」と決めているだけですね。ですから、確信はありません。あるいは、自分は繰り返し同じ一つのことを書いているんじゃないかという錯覚に陥ることもあります。

今まで自分が書いてきた小説は、結局一つの大きな森のある部分を書いているだけで、全体として一つの森を歩いているにすぎないんじゃないかなと。

山極　森の一部分が違っているだけだということですね。面白いなあ。

小川　自分が書いた登場人物たちは皆、同じ森の住人かもしれません。でも、書き手として自分は、森の住人にはなれない。あくまで私はこの森の訪問者なのです。

山極　作家は一人きりだから、シカとかサルに会えるとホッとするんですね。

小川　たしかに動物を描くと、彼らを案内役にして小説という森の深いところまで入っていけます。動物たちは言葉を持たないですから。それから「数字」もそうです。その森の中に数字も落ちているんでしょうね、きっと小石や小枝のように。

山極　いや、実に面白い。でも、小川さんはその森をどこから眺めているの？

小川　小説を書き始める前は、俯瞰(ふかん)して見ているんだと思うんですけど、いよいよ書き始めるとなると、入口はどこかを探すんです。それがたぶん、第一行目だと思うんです。そして、「あ、これが入口だな」というところが定まったときに、「一行目が書ける」と決心がついてそこから入っていく。でもその時はもう、全体を見通すことはできないんですね。

山極　入るときにお神酒をやったりしないんですか。

小川　それ、必要かもしれませんね（笑）。みなさん、いろいろ儀式はあるみたいですけどね、それぞれ書き始める前に。村上春樹さんみたいに、走るとか。私は、白髪を抜きます。

山極　（笑）。

小川　またあの書きかけの小説の前に座るのかと思うと、憂鬱(ゆううつ)な時もありますが、途中で放り投げる方がもっと苦痛なので、歩きはじめたからにはやっぱり進もうと。

山極　いつも同じ机で書いているんですか？

小川　私の場合はいつも、自宅の自分の机が一番集中できます。

山極　さっき「入口を見つける」って言っていたけど、上から降りてくることもあるんですか。

小川　いや、地面を這いつくばっている感じですね。

山極　地面か。

小川　そうです。自分の足で歩いている感じがあって、その感触はとても鮮やかなんです。さっき山極さんがおっしゃったように、見ている物語の森の風の音、色、小さな気配、におい、などなどものすごく生き生きと伝わってきます。でもそうした言葉では表現されていないものを、言葉で書くのが憂鬱なんです。

山極　わかるような気がするな。

小川　その場に、ただいるだけなら楽しいんです（笑）。言葉の森を歩いているんだから、言葉が落ちていれば楽ですけど、そう簡単には見つからないんです。

山極　物事には、言葉で表現できないことが多いですからね。*

小川　本当に多いです。むしろ表現できないことが前提だと考えるほうがいいと思っています。

山極　小川さんには見えたり聞こえたり匂(にお)ったりしているわけですか？

小川　しています。それが鮮やかで生々しいからこそ、自分の言葉の能力のなさによって、感覚が削(そ)がれていくのが、すごくたまらないんですよね。

山極　面白いね。でも一度、サルか鳥になって登ってみて、あの上からのぞくっていうのはどうかな。実は哺乳(ほにゅう)類(るい)は地面がキャンバスなんです。だから嗅覚が鋭くて、鼻づらを近づける。シカもそうです。

小川　あそこにいるシカは、鼻づらを下げてうつむいています。ずっと私たちの話を聞いている?!

*　言葉で表現できないこと　世の中には、言葉で表現できないことがなんと多いことか。目で見たことは一瞬で頭に入るし、耳で聞き、鼻で嗅(か)ぎ、舌で味わい、肌で感じたことは、自分の身体でわかる。しかし、それを言葉で表現しようとしても、なかなか思うように伝えられない。それが多様な場合はまず無理だ。「森の音」なんてまず無理だし、「海の花園」だって不可能だろう。人間関係だって、「ぎくしゃくした関係」とか「仲睦(なかむつ)まじい間柄」なんて言うけど、本当のところは伝えられていないと思う。（山極註）

山極　この対話をシカに聞かせていたのか。シカトして聞いているのかもしれないね。

小川　シカと聞いたんじゃないですか（笑）。

山極　面白いなあ。あれはね、シカが地面にしみついている情報を嗅いでいるんです。

小川　地図が書いてあるわけですね。

山極　においの地図があるんです。だから上をほとんど見ない。でも鳥やサルは、木の上からじーっと下を見ているわけですよね。時々周りを見回して、どこにうまいものがあるかなと。あるいは小鳥だと、猛禽（もうきん）はちょっと危険だし、カラスも嫌だから、「嫌な奴（やつ）はいないよな」などと思いながら見ている。でもサルにとって枝の上だと、すぐにそこに行けないんですよ。いったん木から下りなければなりません。鳥だったら飛んでいけるんだけど。

小川　とにかく一回は地面に下りなくちゃいけないです

ね。

山極　サルの場合は、枝を伝っていける場合もあるんだけど、その道を探さなくちゃいけない。地面だとそれを探す必要がないんですね。そのまま歩いていきゃいいんだから。でも、上の世界はそうはいかない。そこがね、ちょっと違うところなんです。見ているのは鳥とサル、一緒なんだけど、さあ、移動しようと思ったら、両方とも全然違う道を行かなくちゃいけないと思いながら見ている。

小川　空中の道と、地面の道があるんですね。鳥は鳥でまた、空中に地図を持っているんでしょうし。

山極　風なんです。鳥は風に乗らないといけない。そうすると一番楽なんですね。風に乗ってスーッと行けばいいんだから。やっぱりサルはね、鳥になりたかったんじゃないかな。

小川　うらやましいと思って見ていたんでしょうかね、

鳥を。

山極　だからいまだに、サルと共通の祖先をもつわれわれ人間は鳥にあこがれるわけです。あの空を自由に飛べたらなって思うわけでしょ。

小川　人間がかなえられなかった願いを、鳥はかなえているんでしょうか。生物学的に分かれ道があったんでしょうかね。

山極　うん、あったんです。サルの祖先はまず木の上で暮らし始めたんですよ。裸子植物と被子植物というのがあります。裸子植物は上に向かって生えるんですが、枝が横に張らない。例えば被子植物の、このガジュマルは枝が横に生えているでしょ。だから、木の上だけでいろんなところに渡り歩けます。

小川　平行移動できるわけですね。

山極　それまで地上にいた時は、地上性の大型の爬虫類（はちゅうるい）とか鳥に食べられていたんですよ。木から木へ渡り歩けたから、霊長類が育ったんです。木の上に登れるようになり、木の上だけで暮らせるようになったのは、被子植物のおかげなんですね。そこで樹上生活を進めたけど、夜行性だった。なぜかというと、昼間の時間は鳥に支配されていたからなんです。最初の霊長類は夜しか活動できなかった。鳥は夜、休むでしょ。鳥目だから、空を飛べない。

小川　夜は目が利かないから。

山極　それで、夜だけ木のうろから出てきて、食物を得ていたんです。で、そこからね、樹上生活をする哺乳類は分かれたんです。コウモリとサルに。

小川　ああ〜。

山極　コウモリは昼の世界に進出しませんでした。だから、飛び方を覚えたんです。

小川　もうずっと夜にとどまったんですね。

山極　コウモリは、鳥になったんです。夜の鳥になったのがコウモリで、サルは空を飛ぶ道を選ばなかった。でも、サルは体を大きくできたんです。鳥になるには、飛ばなくちゃいけないから骨を中空にして、できるだけ軽くしなくちゃならない。だから体を大きくできない。でもサルは、体重を増やし、筋肉をつけ、鳥よりも大きくなったおかげで、木の上では鳥に負けないようになりました。だけど飛ぶことをしなかったから、今でも飛びたいんじゃないかと僕は思っているわけです。人間が飛行機を作ったのは、やっぱりその願望の表れでしょうね。

小川 ナチス・ドイツ時代、チェコのテレージエンシュタット強制収容所に、子ども専用の収容所があったんです。そこの子どもが絵を描いているんですけれど、多くの子どものモチーフは鳥とチョウチョなんです。捕えられている子どもたちにとって、きっと自由の象徴だったんでしょうね。

山極 大人になると、子どもの頃の飛ぶ夢を見なくなるって言われるけど、僕は飛ぶ夢は見ますよ。

小川 山極さんは、まだ鳥との分かれ道の時代の記憶が残っている。

山極 いや、本当に飛んでいる夢、見ますよ。自分が飛んでいるんですよ。「こうやって羽ばたきゃいいんだよな。あ、飛んでる」って。

小川 私も子どもの頃は、見ていましたね。しかもジャングルみたいなところを飛んでいました。低いところを。

山極 いや、谷からね、こういう絶壁からひょいってやって、パタパタパタっていう。実際に飛んでいるんですよ。

小川 すごいですねえ。願望ですね。

山極 いや、無謀なんだろうね。

さて、もう午後四時です。そろそろ陽も落ちます。小川さんの創作の森のことも聞けたことだし、少し上って林道に戻りましょうか。

〈林道に戻り、夕陽のなかで西部林道をしばらく行くと、サルの群れに出会った〉

山極　おっ、そこの木の上でサルが実を食べてますね。細い枝のほうにもいます。

小川　ようやく会えました！　毛づくろいをしています。屋久島のサルは本土のニホンザルに比べて群れも体も小さいヤクザルという固有亜種だそうですが、山極さんはこの原生林でサルを追って観察されていたんですね。

山極　道路の脇には、おなかの大きなサルもいます。出産直前でしょう。ちょっと写真を撮ってきます。フィールド・ワークは、いつでも一期一会ですから。

小川　たしかに体は小さいですが、毛並がきれいですね。さっきは野生のシカに、今こうして野生のサルにもじっとみつめられました。あんな風に人間に見られた経験はないです。

山極　その瞬間、瞬間が大事だから、彼らはじっと相手の行動を見る。何があるかわからないからね。こんな風に一度、小川さんに動物の現生息地というか、動物の住処に近いところに行ってもらいたかったんです。経験してもらえて良かった。

そうだ、あのカーブまで、この道を歩いていきましょう。ここからは見えないけど、あそこを曲がると、別のサルの群れが現れるかもしれませんよ。

【二日目】

屋久島高地の森で

小川　亜熱帯の海辺から標高一二〇〇メートルまで来ました。ひんやりします。屋久杉のあるこのあたりにもサルやシカがいるんですね。さきほども山道の脇でサルを見かけました。

山極　向こう側の斜面にシカがいますね。角が短いのでまだ若いと思います。そう言えば、きのう西部林道で会ったシカはこれまで見たことのない立派な角を持っていました。

小川　帰り際、椋鳩十（むくはとじゅう）の『片耳の大シカ』に出てきそうな立派なシカが現れました。私たちがちゃんと森を出て行くかどうか、賢そうな目でじっと見ていましたね。このあたりの杉や針葉樹も立派です。

山極　安房（あんぼう）林道沿いにあるこの「紀元杉」は推定樹齢三千年、ヤマグルマやヒノキ、ヤクシマシャクナゲが着生した大木で周囲が八メートルくらいあります。この島では樹齢千年以下は小杉と呼ばれ、それを超える杉を屋久杉と言います。

小川　思ったほど木の高さは目立ちません。それより、他の樹木と一体化して絡み合った幹が、筋肉のような生

小川洋子のつぶやき

「標高がこれだけ上がると、ヤクシカはいませんね」と、編集者が言った途端、一頭のシカが木陰から姿を現した。「いいえ、ここにおります」と静かに抗議するような、凛々（りり）しく、誇り高い姿をしたシカだった。

命感にあふれています。

山極　そう言われると、筋肉という表現はぴったりだなあ。作家にはそんな風に見えるんですね。これまで小川さんとゴリラの話をしたり、森の中を歩いてみて、作家がどんな世界に生きているのか、おぼろげながら見えてきました……。

小川　どのような世界なのでしょうか。

山極　今西錦司(きんじ)*先生は人間を地球規模で見るのか、数百万年の視点で見るのか、縮尺が大切だと言いました。僕たち霊長類学者はタイムスケールや空間スケールで縮尺を駆使しながら「人間の物語(ストーリー)」を見ています。一方、それとは違う間尺で、人間の物語を創造しているのが作家という存在なのかな、と思ったんです。

小川　作家が作るのは「架空の物語」です。しかしそれは、読者の生きている場所と断絶した世界ではありません。時空間を測る尺度が現実と異なるだけで、どこかに

今西錦司（一九〇二―一九九二）日本霊長類学の創始者。京都一中、三高時代から山に登り、京都帝国大学在学中から登山家、探検家としての道を歩む。生態学、霊長類学、人類学の分野で活躍。白頭山、大興安嶺、カラコルム、ヒンズークシ、ポナペ島など数々の登山や探検の指揮をとり、一九五八年にアフリカにも遠征して日本で初のゴリラ調査を試みた。一九六〇年代にはタンザニアでチンパンジーの調査と人類学の調査を実施、多くの研究者を育てた。一九四一年に『生物の世界』を執筆して以来、ダーウィンの競争原理に基づいた進化論に異論を唱えて自然や人間についての数多くの論考を残し、晩年は自然科学を引退して「自然学」を提唱した。（山極註）

実在するかもしれない世界なんです。

山極　そう。それは、ジャングルの中でゴリラを追っている僕の感覚と似てるんですよ。

小川　えっ？

山極　ゴリラとわれわれは同じ時間を生きているわけですよね。でも、人間はゴリラの世界に入ったことがなかった。ゴリラも人間のことは知らなかった……。ゴリラの世界を知ることは、小説を読んだ後の感触とすごく似ているんです。

小川　たしかに小説は境界を越えることができます。小説でないと踏み越えられない境が至る所にあります。向こう側に行っても、本を閉じればまた現実に戻って来られる。コンラッドは『闇の奥』で、「コンゴ川を遡るのは、時間を遡るのと同じだ」と書いていますが、ゴリラやサルの世界を知ることは、遺伝子の川を遡って人間の過去や未来の物語を知ることなんですね。例えば、ゴリラがいい父親であることを知って、山極さんも父になる覚悟ができたとおっしゃっていました。

山極　社会で働く父親を見ていても分からない、文明が覆い隠したものを取り払った父親の原型がゴリラから見えてきたんです。

小川　原始的だから未熟とはかぎらない。むしろ成熟しているとも言える。かつて人類が持っていたものを蘇らせ、気づきを与えてくれる。

山極　自然というのは一歩踏み込んで、冒険してはじめて分かることがある。危険なので、僕の真似（まね）だけはするなと学生には言ってますけど（笑）。でも今回、小川さんに屋久島というフィールドの一端を実感してもらって良かったと思います。雨もずいぶん降ってきましたね。

小川　ガジュマルや屋久杉の森、野生のサルやシカ、「うどんのように降る雨」。求めていたもの全部、体験できました（笑）。屋久島の神様のおかげです。またこの島に来ようと思います。

山極　仲間もいるし、サルのことももっと知りたい。屋久島にはこれからもずっと通うつもりです。

（二〇一六年三月二十九日〜三十日、鹿児島県屋久島にて）

おわりに

山極寿一

小説家と野生動物の研究者とは全く違う世界に住んでいると思っていた。小説家は常に言葉を駆使してフィクションの世界を構築することに情熱を注いでいる。一方、言葉を理解しない動物と野生の世界で付き合うには、言葉を捨て、人間の五感を動物に合わせて研ぎ澄ます必要がある。そんな異質な世界と感性が対話できるものだろうか。一抹の不安をもって、僕は小川さんとの対談に臨んだ。

でもそれは杞憂(きゆう)だった。小川洋子さんは人の心の底に降りていく不思議な能力を持っている。僕は小川さんに問われるままに、アフリカの熱帯雨林を歩く時の感覚を取り戻し、ゴリラになり、これまで自分が体験してきたことを述べた。会話が進むうちに、言葉の森と自然の森は似ていることに気がついた。どちらも多様性に富み、それぞれの構成要素がいくらか見えているのに、そのつながりがよくわからない。森に入る時、道は見えていると思っても、思わぬところで消え失せ、意外なものに出くわし、高みに上ると新しい風景が見えてくる。どちらの森でも、僕たちはストーリーを求めて彷徨っていることに変わりはないような気がしてきた。

しかもそれは、自分のストーリーではない。小川さんは作中の主人公にはなれないし、僕はゴリラにはなれないからである。フィクションの中で自分が作った主人公を歩かせる小川さんも、現実の森でゴリラの後を追いかける僕も、この世界に潜んでいる未知の物語を探しているのである。

そう思うと、なぜか意気投合できるような気がしてきて、一緒に長い旅をしてしまった。時空を超え、白亜紀末期に哺乳類が活躍しだした時代まで遡ったし、屋久島まで足を運んでサルやシカの棲む原生林を歩いた。それは、言葉の魔術師の小川さんに、言葉以前の世界を知ってもらいたかったからである。

言葉の網ですくい切れないものがあふれている世界に、つい最近まで人間は他の動物と一緒に暮らしていた。言葉に頼れば頼るほど、僕たちの世界はそれ以前に獲得した豊かな世界から離れていく。それは生物としての人間にとってあまりにももったいない損失なのではないか。僕たちは生きていくうえで、もはや言葉を捨てることはできない。しかし、長い進化の歴史を通じて鍛え上げてきた感性の中に言葉を調和させることで、より幸福な世界を手にすることができるのではないか。それを、ゴリラの姿を借りて語ることができれば、と思ったわけである。

終始、僕はガイドに徹したつもりだったが、思わずゴリラと人間の境界を踏み越えて常識外れの発言をしてしまったようだ。ゴリラの棲む森や、行動や社会について解説しているうちはまだよかったが、愛や暴力に関するところではつい、ゴリラから見て人間の不自然なところを語り過ぎてしまった。でも、ゴリラと付き合っていると、なぜ人間の赤ちゃんがこんなに大きく生まれるのに乳離れが早いのか、不思議な気持ちになる。思春期になって急に成長するのも、老年期が長いのも人間だけの特徴だ。そこには、文化や文明の歴史ではなく、人間の生物としての独特な歴史が反映されている。そしてそれは、ゴリラ、チンパンジー、オランウータンといった人間に最も近縁な類人猿が体験することのなかった、熱帯雨林の外の冷涼な気候や植生帯へと人間の祖先が進出する大きな社会力を醸成する源泉となったのだ。

でも、その時代に発達した高い共感力が、今の時代にさまざまな不都合を生んでいる。集団内のいじめや集団間の暴力がその一つだ。人間は自分一人では自分を定義できない。仲間からどういう人間だと言われて初めて自分という存在を納得する。だから、仲間に認められたいという願望が強く、仲間外れにされると自分が世の中に存在している意味を見失ってしまう。自分の命を懸けて集団のために尽くすなんて、自然界ではありえないことだ。それは、死者を含んだ物語の中に人間が住むようになったからで、言葉による世界の構築が人間の生命観に大きな影響をもたらした結果である。

ゴリラやサルと付き合いながら自然の森を歩いていると、生きることに意味などないような気になる。それぞれの生物に与えられた時間があり、それをあるがままに生きるのが生命の営みというものだ。それぞれの生物は持って生まれた能力に従って世界を構築している。地上性の哺乳類は、地上に染み付いた臭いを頼りに世界を感知しているし、水中に棲む哺乳類は空中より素早く伝わる音を頼りにしている。人間はサルや類人猿に近縁だから、五感のうち視覚と聴覚に強く頼っている。それは樹上で鳥と共に進化してきた証である。科学技術はその二つの感知能力を拡大してきた。写真や映像は視覚を、電話は聴覚を広げた。それに言葉の能力が加わって、人間は本来の能力では感知し得ない世界を自分のものにできるようになった。

しかしそれは、たしかにこの世に存在する世界ではあるが、自分が身体を通じて参加している世界ではない。人間の間違いは、あらゆる手を使ってその世界に介入しようとし始めたことだ。二十一世紀は人間が神の手をもつ時代だと言われている。すでに、地球の生態系で人間の影響が及ばない原生の自然は残っていない。陸上に棲む哺乳類の九割以上が人間と家畜で、鳥類や魚類に対しても遺伝子を改変して人工的な種を作り始めた。生命を操作する、新しい生物を造る、という神の技を人間は手にし始めたのだ。最近中国では、遺伝子編集によってデザイナー・ベビーが生まれたという報告もある。人間の勝手に作った物語の上に科学技術が利用されて世界が再構築されようとしている。ここでいったん立ち止まって、人間の力がさらに増大する地球の未来を見つめ直さなければいけない。

現代の物語はひょっとすると小説家の手を離れて、科学技術と共にとんでもない方向へと飛びつつあるのかも知れない。人間の想像力はすでに言葉を離れつつあるからだ。それを人間の身体に再び回帰させるのが、小川さんをはじめとする作家の重要な役割だろう。僕の最愛の友であるゴリラと一緒に、そのお手伝いができればとても幸せだと思う。

二〇一九年一月

往復書簡

あとがきに代えて

小川洋子
山極寿一

小川洋子

山極寿一様

考えてみれば、一度だけの予定だった、河合隼雄（かわいはやお）財団主催の公開対談がきっかけとなり、その後二回、三回と対話を重ねてゆくことになったのは、本当に幸運な巡り合わせでした。更にはこうして文庫本にまでなったのですから、私にとってはありがたい、というしかありません。

今から振り返ってみて最も不思議に感じるのは、最初はゴリラの話をしていたはずなのに、気が付くといつの間にか、話題が思いも寄らない方向へ発展していることでした。父性の役割、共食の成り立ち、約束という未来の共有、暴力の意味、死の概念、神の存在、物語の芽生え……。ゴリラは私たちを、遠い場所まで運んでくれました。もちろん、山極さんの導きがあってこその道のりでした。

ゴリラたちは熱帯雨林の中で食べ物を探し、子どもたちを育て、群れをまとめ、夜になれば寝床を整える。ただそうして生きているだけにもかかわらず、その存在の奥に、本人たちも気づかない真理を隠し持っている。それはゴリラに限った話ではないのかもしれません。どんなに単純な生物でも、植物でも、人間でも、この世界に生きるものたちはみな、それ自身の中に抱える宇宙の摂理によってつながり合っているのでしょう。山極さんとの対話は毎回、一見、当たり前のようで、しかし普段はすっかり忘れているそうした事実をかみしめる経験でもありました。

さて、この世界に生きるもの、という言葉を出したからには、新型コロナウイルスについて触れないわけにはいきません。彼らもまた、自身のやり方で生き延び、私たち人間に予測を超えた問題を突き付けています。おそらく、コロナの経験をなかったことにして、これからの世界を生きてゆける人はいないでしょう。私自身も、コロナの時代を生きてきた作家として、小説を書くことになるはずです。やはりどこかしら、不安を感じます。しかし文学はいつの時代でも、不安の中から生み出されてきたのですから、恐れる必要はないのかもしれません。

人間たちが目に見えないものに脅(おびや)かされているなか、森ではゴリラの子どもたちが、シルバーバックの背中で遊び、屋久島ではサルたちが木の実を求めて木々の間を飛び交い、シカたちがお尻(しり)の白い毛を見せながら、軽快に走っているでしょう。そんな姿を想像すると、ひととき、心の安らぎを感じます。自分と、遠いどこかの森に棲(す)む生きものたちがつながり合っているという奇跡のような事実に、励まされます。

この本は、終わりがあってないようなものですね。ゴリラの森も、言葉の海も、無限の広がりを持っていますから。

またいつか機会があって、山極さんとお話できる日が来たら、と願っています。

どうぞお元気で。ありがとうございました。

二〇二一年盛夏

山極寿一

小川洋子さん。

不思議なものですね。人間の独特の能力であるフィクションを駆使して世界の可能性を紡ぎだしている作家と、サルやゴリラを通して人間を理解しようとしている研究者が、いっしょに本を作るほど話を続けられるとは思っていませんでした。話が思いがけない方向へ飛んでいくうちに、ふと小川さんをゴリラの森にお連れしたくなりました。ことば以前の世界に立った時、小川さんが何を感じるだろうかと、その光景が頭に浮かんだのです。

でも、アフリカの奥地の森にお連れすることなど、忙しい小川さんにはとても無理だし、赤道直下の森を足で歩く旅に耐えられるとは思えない。どうしようかと思っているうちに、屋久島の森がひらめいたのです。ここは、ゴリラの調査を共にしたアフリカの現地の人たちをお連れして、「俺たちの故郷と同じ森だ」と言わしめた場所なのです。靴を脱いで、裸足になって森を歩くと、アフリカと屋久島の森が地続きになっていることが感じられると彼らは言いました。じゃあ、ここに小川さんをお連れすれば、ゴリラの森を感じてもらえるかもしれないと思いました。

　屋久島の森は神々(こうごう)しい森です。ぼくはゴリラに出会う前に、ここでサルの調査をしてきました。その理由は、ぼくが歩いてきた日本列島の森の中で、サルを含めてこの森のたたずまいが最も美しいと感じたからです。ここにはカミ(神)さんたちがいて、ぼくたちの出すぎた行動を戒めると同時に、ときどきぼくたちをからかいます。小川さんが小さなせせらぎを渡ろうとしたとき、思わず足を滑らせて流れにはまったでしょう。ぼくはすぐさま、「またカミさんがいたずらをしたな」と思いました。「靴を履いて、この森を歩くなんてけしからん」とおっしゃったのかもしれません。いやおそらく、小川さんに森という世界を直接肌で感じてもらいたかったのでしょう。

　小川さんと話しているうちに、ゴリラの森と小川さんの言葉の海の共通性に気づきました。原始の時代から、ゴリラと人間は歩いてさまざまな森の住民と出会うことによって暮らしてきました。虫や鳥、カエルやヘビ、イノシシやゾウにいたるまで、動物たちは森の襞（ひだ）の中に隠されています。じっとしていても彼らはやってきますが、ゴリラも人間も歩いて彼らと出会うことによって命の輝きを確かめ、新しいいきづきを得るのです。言葉も似たような性質を持っています。声に出さなければ言葉は姿を現さず、泳ぎながらいくつかの言葉に出会うことによって意味の世界を形作ります。違うのは、森は人間が登場する前から存在しているのに対し、言葉は人間以前には存在せず、つくり出さなければ現れないということです。

最近、言葉というのは不完全なコミュニケーションだと思うようになりました。ゴリラと付き合うのに言葉は要りません。双方が認め合えば、その関係と状況に基づいて表情や態度で十分に気持ちを伝え合えるからです。言葉はコミュニケーションではなく、世界を切り取って独自の解釈を与え、時空を超えて新しい世界を創造させるために生まれたのではないかと思えるのです。そのときから人間は言葉につかまって泳ぐようになりました。宗教も哲学も科学技術もそこから始まったのです。

しかし、情報通信技術が急速に発達した今、羅針盤だった言葉がいつのまにか鉄条網になってぼくたちを取り囲み、自由を束縛しようとしています。ネットの中では刺々(とげとげ)しい言葉があふれ、世界に対する信頼を次々に破壊していきます。

屋久島の森で、サルやシカたちはぼくたちを決して拒否したり、敵意を示すことはありませんでした。ゴリラの森も同じです。野生の世界というのは共存が原則なのです。でも、人間は彼らが自分たちの世界へ入ってくることを拒み、害獣、害虫として抹殺しようとします。それは人間だけに都合のいい世界を作ろうとした結果であり、それが地球を破壊してぼくたちの上に災禍として降りかかってきています。今回の新型コロナウイルスもその好例でしょう。

ぼくたち人間が原初の森の精神にもどるにはどうしたらいいのか。それはふたたび言葉の力に頼るしかないとぼくは思います。ゴリラの森を知った小川さんに、言葉の道しるべとしての力をとりもどしてほしいと願っています。
言葉の海はゴリラの森と地続きでなければならないのです。

二〇二一年八月

この対話集は、二〇一九年四月新潮社より刊行された。

山極寿一著

父という余分なもの
―サルに探る文明の起源―

人類の起源とは何か、家族とは何か――コンゴの森で野生のゴリラと暮らし、その生態を追う霊長類学者による刺激に満ちた文明論！

小川洋子著

薬指の標本

標本室で働くわたしが、彼にプレゼントされた靴はあまりにもぴったりで……。恋愛の痛みと恍惚を透明感漂う文章で描く珠玉の二篇。

小川洋子著

まぶた

15歳のわたしが男の部屋で感じる奇妙な視線の持ち主は？　現実と悪夢の間を揺れ動く不思議なリアリティで、読者の心をつかむ8編。

小川洋子著

博士の愛した数式
本屋大賞・読売文学賞受賞

80分しか記憶が続かない数学者と、家政婦とその息子――第1回本屋大賞に輝く、あまりに切なく暖かい奇跡の物語。待望の文庫化！

小川洋子著

海

「今は失われてしまった何か」への尽きない愛情を表す小川洋子の真髄。静謐で妖しく、ちょっと奇妙な七編。著者インタビュー併録。

小川洋子著

博士の本棚

『アンネの日記』に触発され作家を志した著者の、本への愛情がひしひしと伝わるエッセイ集。他に『博士の愛した数式』誕生秘話等。

小川洋子
河合隼雄著

生きるとは、自分の物語をつくること

『博士の愛した数式』の主人公たちのように、臨床心理学者と作家に「魂のルート」が開かれた。奇跡のように実現した、最後の対話。

小川洋子著

いつも彼らはどこかに

競走馬に帯同する馬、そっと撫でられるブロンズ製の犬。動物も人も、自分の役割を生きている。「彼ら」の温もりが包む8つの物語。

河合隼雄著

働きざかりの心理学

「働くこと＝生きること」働く人であれば誰しもが直面する人生の〝見えざる危機〟を心身両面から分析。繰り返し読みたい心のカルテ。

河合隼雄ほか著

こころの声を聴く
―河合隼雄対話集―

山田太一、安部公房、谷川俊太郎、白洲正子、沢村貞子、遠藤周作、多田富雄、富岡多恵子、村上春樹、毛利子来氏との著書をめぐる対話集。

河合隼雄著

こころの処方箋

「耐える」だけが精神力ではない、「理解ある親」をもつ子はたまらない――など、疲弊した心に、真の勇気を起こし秘策を生みだす55章。

河合隼雄著

猫だましい

心の専門家カワイ先生は実は猫が大好き。古今東西の猫本の中から、オススメにゃんこを選んで、お話しいただきました。

河合隼雄
柳田邦男 著

心の深みへ
—「うつ社会」脱出のために—

こころを生涯のテーマに据えた心理学者とノンフィクション作家が、生と死をみつめ議論を深めた珠玉の対談集。今こそ読みたい一冊。

上橋菜穂子著

狐笛のかなた
野間児童文芸賞受賞

不思議な力を持つ少女・小夜と、霊狐・野火。森陰屋敷に閉じ込められた少年・小春丸をめぐり、孤独で健気な二人の愛が燃え上がる。

上橋菜穂子著

精霊の守り人
野間児童文芸新人賞受賞
産経児童出版文化賞受賞

精霊に卵を産み付けられた皇子チャグム。女用心棒バルサは、体を張って皇子を守る。数多くの受賞歴を誇る、痛快で新しい冒険物語。

上橋菜穂子著

闇の守り人
日本児童文学者協会賞・
路傍の石文学賞受賞

25年ぶりに生まれ故郷に戻った女用心棒バルサを、闇の底で迎えたものとは。壮大なスケールで語られる魂の物語。シリーズ第2弾。

上橋菜穂子著

夢の守り人
路傍の石文学賞・
巌谷小波文芸賞受賞

女用心棒バルサは、人鬼と化したタンダの魂を取り戻そうと命を懸ける。そして今明かされる、大呪術師トロガイの秘められた過去。

上橋菜穂子著

虚空の旅人

新王即位の儀に招かれ、隣国を訪れたチャグムたちを待つ陰謀。漂海民や国政を操る女たちが織り成す壮大なドラマ。シリーズ第4弾。

星野道夫著
イニュニック〔生命〕
―アラスカの原野を旅する―

壮大な自然と野生動物の姿、そこに暮らす人人との心の交流を、美しい文章と写真で綴る。アラスカのすべてを愛した著者の生命の記録。

星野道夫著
ノーザンライツ

ノーザンライツとは、アラスカの空に輝くオーロラのことである。その光を愛し続けて逝った著者の渾身の遺作。カラー写真多数収録。

宮沢賢治著
新編 風の又三郎

谷川に臨む小学校に突然やってきた不思議な転校生――少年たちの感情をいきいきと描く表題作等、小動物や子供が活躍する童話16編。

宮沢賢治著
新編 銀河鉄道の夜

貧しい少年ジョバンニが銀河鉄道で美しく哀しい夜空の旅をする表題作等、童話13編戯曲1編。絢爛で多彩な作品世界を味わえる一冊。

谷川俊太郎著
夜のミッキー・マウス

詩人はいつも宇宙に恋をしている――彩り豊かな三〇篇を堪能できる、待望の文庫版詩集。文庫のための書下ろし「闇の豊かさ」も収録。

谷川俊太郎著
ひとり暮らし

どうせなら陽気に老いたい――。暮らしのなかでふと思いを馳せる父と母、恋の味わい。詩人のありのままの日常を綴った名エッセイ。

沢木耕太郎著
深夜特急（1〜6）
地球の大きさを体感したい——。26歳の〈私〉のユーラシア放浪の旅がいま始まる！「永遠の旅のバイブル」待望の増補新版。

隈研吾著
建築家、走る
世界中から依頼が殺到する建築家は、悩みながらも疾走する——時代に挑戦し続ける著者が語り尽くしたユニークな自伝的建築論。

小澤征爾著
ボクの音楽武者修行
〝世界のオザワ〟の音楽的出発はスクーターでのヨーロッパ一人旅だった。国際コンクール入賞から名指揮者となるまでの青春の自伝。

大江健三郎
古井由吉著
文学の淵を渡る
私たちは、何を読みどう書いてきたか。半世紀を超えて小説の最前線を走り続けてきたふたりの作家が語る、文学の過去・現在・未来。

安部公房著
カンガルー・ノート
突然〈かいわれ大根〉が脛に生えてきた男を載せて、自走ベッドが辿り着く先はいかなる場所か——。現代文学の巨星、最後の長編。

D・キーン
松宮史朗訳
思い出の作家たち
—谷崎・川端・三島・安部・司馬—
日本文学を世界文学の域まで高からしめた文学研究者による、超一級の文学論にして追憶の書。現代日本文学の入門書としても好適。

ゴリラの森(もり)、言葉(ことば)の海(うみ)

新潮文庫　や－74－2

令和三年十一月一日発行

著者　山極寿一(やまぎわじゅいち)　小川洋子(おがわようこ)

発行者　佐藤隆信

発行所　株式会社新潮社

郵便番号　一六二―八七一一
東京都新宿区矢来町七一
電話　編集部(〇三)三二六六―五四四〇
　　　読者係(〇三)三二六六―五一一一
https://www.shinchosha.co.jp

価格はカバーに表示してあります。

乱丁・落丁本は、ご面倒ですが小社読者係宛ご送付ください。送料小社負担にてお取替えいたします。

印刷・大日本印刷株式会社　製本・株式会社植木製本所

ISBN978-4-10-126592-6 C0195